大成ブックス

# 建設業コンプライアンス入門

島本幸一郎
六川浩明
多田敏明

大成出版社

# ●はじめに

「動かざること山の如し」のとおり、元来「山」は不朽のものあるいは不変なものとして喩えられますが、自然自体の作用もしくは自然に何らかの人工的な力が加わったことなどにより、現実に「山」そのものが動くことやかたちが変わることがあります。

いま、建設業界はまさにそのような状態、大きな地殻変動の時代にあると思います。グローバル化、経済のソフト化、IT技術の進展、規制緩和等々という社会経済の大きな変化のうねりの中にあって、これからの建設業界のあり方が鋭く問われています。

その中心的なテーマの一つが「コンプライアンス」です。

ご承知の通り、建設業界は、一昨年1月の改正独占禁止法施行を機に、多くの企業でコンプライアンスの徹底が図られ、それぞれ独自の取り組みが進められています。しかし、かつてないほどにコンプライアンスの重要性が叫ばれている中で、コンプライアンスとはどういうことなのか、一人ひとりは何をどうすればいいのかという戸惑いを持っておられる方も多いのではないかと思います。本書は、そのような方々に建設業関連のコンプライアンス教材の一つとして利用されることを願って作ったものです。

本書では、まず総論でコンプライアンスと関連概念の整理を試み、次に建設業界におけるコンプライアンスの現状について述べ、そして各論で個別法の解説に多くの頁を割きました。それは、一人ひとりがコンプライアンスとは何かを考える際に、建設業に関連の深い法令の内容を大きく把握する必要があると考えたからです。しかし、建設業に関わる法令の裾野は広く、既に日常の業務手順の中にしっかり組み込まれている専門的・技術的な法令を含めるとその数は膨大になります。各論の個別法は、過去の事例等から、企業の不祥事として経営に

何らかの影響を与えるおそれのあるものや最近の注目すべき改正法を中心に選択しました。これらの個別法を通して、それぞれの法律の制定の趣旨、理念等を学ぶことがコンプライアンスとは何かを理解する手がかりになると考えます。

そして本書の最終章では、公共調達のあり方について取り上げました。これはコンプライアンスを真に実効性のあるものにするためには、ただ単に法令を守るというだけではなく、法制度等を絶えず見直すという視点が不可欠であるという考えからです。現在いろいろと議論され、多様な施策が採られ、また試行されているこの問題について考えることもコンプライアンスの範疇であると考えます。

本書の執筆には、会社法や独占禁止法などそれぞれ専門の分野で活躍中の六川浩明弁護士（東京青山・青木・狛法律事務所）と多田敏明弁護士（日比谷総合法律事務所）という二人の気鋭の協力を得ました。上記の本書の狙いを共有しつつ、おのおの独自の立場と責任で執筆しました。

なお、昨春、折しも財団法人建設業適正取引推進機構の「建設業コンプライアンス検討委員会」への参加の誉に与り、山口周三同機構理事長、矢部丈太郎実践女子大学教授はじめ各委員の皆様の示唆に富むご意見を拝聴する機会を得ました。そのときのお話は本書執筆にあたり大変参考になりました。この場をお借りして厚く御礼申し上げます。

最後になりましたが、本書出版にあたり、（株）大成出版社坂本長二郎常務取締役、御子柴直人氏、岩田康史氏には終始大変お世話になりました。改めて深く感謝申し上げます。

2008年2月

執筆者を代表して　　島本　幸一郎

# 目次

はじめに

《第1編　総　論》

## 第1章　コンプライアンスと関連概念
　1　新しいコンプライアンス論―――――――――――――――3
　2　CSRとコンプライアンス―――――――――――――――6
　3　コーポレート・ガバナンスとコンプライアンス――――――9
　4　内部統制システムにおけるコンプライアンス―――――――11
　5　コンプライアンスとリスクマネジメント――――――――――13
　6　コンプライアンスとソフトロー――――――――――――16
　7　コンプライアンスとビジネス・エシックス――――――――17
　8　まとめとして――――――――――――――――――――20

## 第2章　建設業におけるコンプライアンス問題
　1　建設業のコンプライアンスを巡る状況――――――――――21
　2　入札談合問題をめぐる2つの提言―――――――――――24
　　(1)　日本土木工業協会の提言書………………………………25
　　(2)　談合構造解消対策研究会報告書……………………………27
　3　低価格入札問題―――――――――――――――――――27
　4　建設業における法令違反事例のパターン――――――――30

《第2編　各　論》

## 第1章　独占禁止法
　1　建設業と独占禁止法――――――――――――――――――35
　　(1)　歴史………………………………………………………35
　　(2)　入札談合に対するペナルティ……………………………37

    (3) 課徴金減免制度（リーニエンシー制度）──────44
 2 入札談合と独占禁止法──────────────46
    (1) 入札談合と不当な取引制限──────────46
    (2) 入札談合を構成する要素───────────47
    (3) 情報交換────────────────────49
    (4) 免責事由・正当化事由はない────────49
    (5) 民間工事───────────────────50
 3 不公正な取引方法の禁止─────────────50
    (1) 不公正な取引方法とは────────────50
    (2) 不公正な取引方法の類型───────────51
    (3) 建設業と不公正な取引方法──────────51

# 第2章　建設業法・下請法

 1 建設業法の目的────────────────── 55
 2 一括下請負の禁止──────────────── 56
    (1) 規制の内容────────────────── 56
    (2) 一括下請負に該当する場合────────── 57
    (3) 元請負人の実質的関与とは──────────58
    (4) 一括下請負に対する監督処分──────── 58
 3 経営事項審査の虚偽申請───────────── 59
    (1) 規制の内容─────────────────59
    (2) 経営事項審査制度の仕組み───────── 60
    (3) 経営事項審査の虚偽申請────────── 62
 4 主任技術者等の配置義務違反────────── 63
    (1) 工事現場への配置────────────── 63
    (2) 技術者の専任性──────────────── 64
    (3) 専任の技術者の雇用関係──────────── 64
    (4) 監理技術者資格者証───────────── 65
    (5) 主任技術者等の配置義務違反の罰則等─── 66
 5 施工体制台帳・施工体系図の作成────────66
    (1) 規制の内容────────────────── 66
    (2) 施工体制台帳・施工体系図の作成義務違反── 67
 6 無許可業者との下請契約、政令で定める金額以上の
   下請契約、建設業許可・更新要件違反─────── 67
    (1) 建設業の許可───────────────── 67
    (2) 罰則─────────────────────68
 7 不公正な取引方法の禁止─────────────69

|      | (1) 規制の内容………………………………………………………69 |
|------|-------|
| 8    | 建設業法令遵守ガイドラインの概要————73 |
| 9    | 下請代金支払遅延等防止法（下請法）————78 |
|      | (1) 法の趣旨………………………………………………………78 |
|      | (2) 規制の内容………………………………………………………78 |

## 第3章　建設業と刑法犯罪

| 1 | 賄賂罪（贈賄罪）————83 |
|---|---|
|   | (1) 賄賂罪（贈賄罪）とは………………………………………83 |
|   | (2) 贈賄罪の構成要件………………………………………………84 |
|   | (3) 具体例………………………………………………………………86 |
|   | (4) 社交的儀礼と贈賄罪……………………………………………87 |
|   | (5) 公務員による恐喝と贈賄罪……………………………………87 |
|   | (6) みなし公務員……………………………………………………88 |
|   | (7) 贈賄罪に対する制裁……………………………………………88 |
| 2 | 外国公務員等不正利益供与罪————89 |
|   | (1) 外国公務員等への不正利益供与とは………………………89 |
|   | (2) 外国公務員等不正利益供与罪の構成要件……………………90 |
|   | (3) 外国公務員等不正利益供与罪の罰則…………………………95 |
| 3 | 私文書偽造————95 |
|   | (1) 文書偽造罪・偽造文書行使罪とは……………………………95 |
|   | (2) 私文書偽造の構成要件…………………………………………96 |
|   | (3) コピー………………………………………………………………97 |
|   | (4) 刑罰…………………………………………………………………98 |
|   | (5) 具体例………………………………………………………………98 |
| 4 | 入札妨害————98 |
|   | (1) 入札妨害罪とは…………………………………………………98 |
|   | (2) 入札妨害罪の構成要件…………………………………………99 |
|   | (3) 入札妨害罪に対する制裁……………………………………101 |
|   | (4) 注意点……………………………………………………………101 |
| 5 | 不正談合————102 |
|   | (1) 不正談合罪とは………………………………………………102 |
|   | (2) 不正談合罪の構成要件…………………………………………102 |
|   | (3) 不正談合罪に対する制裁……………………………………104 |
|   | (4) 注意点……………………………………………………………104 |
| 6 | 詐欺————105 |
|   | (1) 詐欺罪とは……………………………………………………105 |

(2) 詐欺罪の構成要件  106
　　(3) 詐欺罪と法人  107
　　(4) 補助金の不正受給  107
　　(5) 刑罰  108
　　(6) 具体例  108
　7 横領  109
　　(1) 横領罪とは  109
　　(2) 横領罪の構成要件  109
　　(3) 横領罪の刑罰  111
　　(4) 会社業務における具体例と注意点  111
　8 背任  112
　　(1) 背任罪とは  112
　　(2) 背任罪の構成要件  113
　　(3) 特別背任罪  115
　　(4) 刑罰  116
　　(5) 具体例  116
　9 あっせん利得罪  116
　　(1) あっせん利得罪とは  116
　　(2) あっせん利得罪の構成要件  118
　　(3) あっせん利得罪の刑罰  119
　　(4) 注意点  119
　　(5) あっせん収賄罪との比較  120

## 第4章　会社法

　1　役員の義務と責任  121
　2　会社法上の内部統制  126
　　(1) 会社法における内部統制  126
　　(2) 会社法施行規則が定める内部統制ルール  127
　3　利益供与  144
　4　三角合併（親会社株式を対価として交付する場合）  145
　　(1) 三角合併  145
　　(2) 子会社による親会社株式の取得  147
　　(3) 対価の柔軟化と株主保護  149

## 第5章　金融商品取引法

　1　有価証券概念と金融商品概念  152
　2　開示規制  152

|   | 3 | 業者規制 | 154 |
|---|---|---|---|
|   | 4 | インサイダー取引 | 154 |

## 第6章　公職選挙法・政治資金規正法

| 1 | 公職選挙法 | 156 |
|---|---|---|
|   | (1) 選挙運動に関する選挙犯罪 | 157 |
|   | (2) 寄附に関する選挙犯罪 | 163 |
|   | (3) 連座制 | 166 |
| 2 | 政治資金規正法 | 167 |
|   | (1) 法の目的 | 167 |
|   | (2) 法律の概要 | 168 |

## 第7章　労働法

| 1 | 労働法の最近の動き | 180 |
|---|---|---|
| 2 | 労働契約法（平成19年新法、全19条） | 180 |
| 3 | 人事異動 | 181 |
| 4 | 非典型の労働関係 | 181 |
|   | (1) 短時間労働者（パートタイム労働者） | 181 |
|   | (2) 社外労働者の利用 | 182 |
| 5 | 労働時間 | 184 |
|   | (1) 労働時間の原則 | 184 |
|   | (2) 時間外労働 | 184 |
|   | (3) 法定労働時間制の弾力化（変形労働時間制） | 184 |
|   | (4) 労働者の主体的な選択による労働時間制度 | 185 |
| 6 | 解雇 | 187 |
|   | (1) 解雇権濫用の無効 | 187 |
|   | (2) 解雇の種類 | 187 |
| 7 | 最低賃金法 | 188 |
| 8 | 男女雇用機会均等法（昭和60年成立。平成9年改正、平成18年改正） | 189 |
|   | (1) 平成9年改正の内容 | 189 |
|   | (2) 平成18年改正の内容（平成19年4月から施行） | 189 |
| 9 | 労働安全衛生法 | 190 |
|   | (1) 安全衛生管理体制（第3章） | 190 |
|   | (2) 労働者の危険又は健康障害を防止するための措置（第4章） | 191 |
|   | (3) 機械等並びに危険物及び有害物に関する規制（第5章） | 192 |

- (4) 労働者の就業に当たっての措置（第6章） ……………………192
- (5) 健康の保持増進のための措置（第7章） ………………………192
- (6) 快適な職場環境の形成のための措置（第7章の2） …………193
- 10 労働災害 ─────────────────────────193
- 11 労働審判法（平成16年成立。平成18年4月から施行） ───193
- 12 企業の組織再編と労働契約 ─────────────────193
  - (1) 事業譲渡 ……………………………………………………………194
  - (2) 合併 …………………………………………………………………194
  - (3) 会社分割 ……………………………………………………………194
  - (4) 株式交換 ……………………………………………………………195

# 第8章　情報法

- 1 営業秘密 ─────────────────────────196
- 2 個人情報保護法 ──────────────────────197
- 3 著作権 ──────────────────────────200

# 第9章　環境関連法

- 1 廃棄物処理法の概要 ──────────────────202
  - (1) 法の目的 ……………………………………………………………202
  - (2) 廃棄物の定義と分類 ………………………………………………202
  - (3) 産業廃棄物とは ……………………………………………………203
  - (4) 産業廃棄物の処理責任 ……………………………………………203
  - (5) 産業廃棄物の処理 …………………………………………………204
  - (6) 監督措置・罰則 ……………………………………………………206
- 2 建設資材リサイクル法の概要 ───────────────208
  - (1) リサイクル関連法の制定の背景 …………………………………208
  - (2) 資源有効利用促進法の目的 ………………………………………208
  - (3) 建設資材リサイクル法 ……………………………………………209
- 3 石綿（アスベスト）に関する法規制 ───────────214
  - (1) 石綿規制の沿革 ……………………………………………………215
  - (2) 解体・改修工事業者の法的義務等 ………………………………217
- 4 土壌汚染対策法の概要 ─────────────────221
  - (1) 土壌汚染状況調査 …………………………………………………222
  - (2) 指定区域の指定・台帳の調製 ……………………………………222
  - (3) 土壌汚染による健康被害の防止措置 ……………………………223
  - (4) 罰則 …………………………………………………………………224

## 第10章　建築基準法・建築士法等

- 1　粗雑工事とは──────────────────────226
  - (1) 顧客との関係……………………………………………227
  - (2) 第三者との関係…………………………………………227
  - (3) 行政との関係……………………………………………227
  - (4) 株主との関係……………………………………………227
  - (5) 社会との関係……………………………………………228
- 2　建築物の安全性確保等に関する法改正─────────228
  - (1) 建築基準法の概要………………………………………228
  - (2) 建築物の安全性を確保するための建築基準法等の一部を改正する法律の概要……………………………………230
  - (3) 「建築士法等の一部を改正する法律」の概要…………235
- 3　住宅瑕疵担保履行法の概要───────────────243
  - (1) 法制定の背景・趣旨……………………………………244
  - (2) 資力確保措置を義務付けられた事業者の範囲………244
  - (3) 資力確保措置の内容……………………………………245
  - (4) 対象となる瑕疵担保責任の範囲………………………246
  - (5) 罰則………………………………………………………246
- 4　消費生活用製品の安全に関する法改正─────────247
  - (1) 製品事故情報報告・公表制度…………………………247
  - (2) 用語の定義………………………………………………248
  - (3) 設置工事業者の責務……………………………………250

## 第11章　コンプライアンスと危機管理

- 1　公益通報者保護法────────────────────252
  - (1) 目的………………………………………………………252
  - (2) 公益通報…………………………………………………252
  - (3) 通報先……………………………………………………253
  - (4) 保護要件…………………………………………………253
  - (5) 効果………………………………………………………253
- 2　コンプライアンスと危機管理─────────────254
- 3　事業継続管理（BCM）───────────────256
- 4　会社法上の内部統制と金融商品取引法上の内部統制──256
- 5　内部統制とコーポレート・ガバナンスの開示─────258

## 第12章　公共調達制度とコンプライアンス

1　現行入札契約制度の概要―――――――――――――――261
　(1)　公共調達制度と一般競争入札……………………………261
　(2)　随意契約……………………………………………………261
　(3)　一般競争入札と指名競争入札……………………………262
2　公共工事調達制度の運用面における諸問題――――――263
　(1)　価格偏重の入札方式―品質を軽んじた入札方式………263
　(2)　設計・施工分離発注の原則………………………………264
　(3)　予算単年度主義の弊害……………………………………265
　(4)　中小企業の受注機会拡大のための発注方法……………266
3　公共工事入札契約適正化法―――――――――――――266
　(1)　入札関連情報の公表………………………………………266
　(2)　施工体制の適正化…………………………………………267
　(3)　不正行為に対する措置……………………………………269
4　公共工事品質確保法―――――――――――――――――269
　(1)　制定の背景…………………………………………………270
　(2)　骨子…………………………………………………………270
　(3)　技術能力の審査義務………………………………………271
　(4)　技術提案の活用措置………………………………………271
　(5)　国土交通省直轄工事における品質確保促進ガイドライン……272
　(6)　建設企業の注意点…………………………………………272
5　新しい公共調達制度のあり方―――――――――――――272
　(1)　工事の品質を重視した制度に……………………………273
　(2)　入札談合の起きにくい制度………………………………275
　(3)　新たな選択肢としての競争的交渉方式…………………276

# 第1編　総　論

# 第1章●コンプライアンスと関連概念

## 1　新しいコンプライアンス論

　コンプライアンスは、新聞などではふつう「法令遵守」とか「法令等遵守」と訳されます。法令等の「等」には条例、行政指導の他、社会規範や取引慣行等も含むとされる場合があり、世間の良識や常識を含むとなるとその範囲は限りなく広がりを見せます。

　何かを「守る」というとき、「何を」守るかが明確になっていないと守る側の主観が入ることになります。慎重な性格の人は「法令等」を狭く解し、抑制的、萎縮的な行動をとりがちです。大雑把な性格の人は、自分に都合よく解して後で咎められたときの言い訳を考えます。

　このようにコンプライアンスを「何かを守る、守らせる」という関係だけで捉える考え方に警鐘を鳴らす人がいます。その一人畑村洋太郎工学院大学教授は、コンプライアンスについて「法令遵守」だけが大きく取り上げられると、「これを守らなければならない」から「これさえ守ればいい」になり、さらに「これを守っているのだから俺は正しい」となり、「形骸化」「形式主義」に陥ってしまうと述べています。「失敗学」の第一人者である畑村教授は、コンプライアンスの工学的な意味（「柔らかさ」や「柔軟性」。一定の力を加えたときにどれだけの変形が起きるかということ）から、コンプライアンスを「何かの物や人がどの程度柔軟にそして感度よく外からの要求や規範に応じた動きをするのか」という概念で捉え、「社会全体が当たり前の方向に動くには法律と人間や企業との関係を従来の『従う』『従わせる』から自ら求められていることを自覚し、自ら行動する『自律』に転化していくしかない」と述べています[*1]。

　この畑村教授の考え方に示唆を受けて、桐蔭横浜大学コンプライアンス研究センターの郷原信郎センター長は、「『法令遵守コンプライア

ンス』では、いつしか『法令遵守』が自己目的化してしまい、法令が何のために定められているのかという観点が忘れ去られてしまう」と述べ、コンプライアンス＝法令遵守だけで事足りるという考え方の誤りを指摘し、コンプライアンスを法令の背後にある「社会的要請への適応」と転換して行くことの重要性を訴えています[*2)]。

また浜辺陽一郎弁護士は、『comply』の「従うことによって完全なものを提供する、あるいは完全なものになる」という概念から、「ただルールを守りさえすればいいというのではなく、企業が申し分のない適正・健全な活動をすることによって、はじめて事業活動として完全なものになる。つまり、できる限り完璧な行為が求められるという観点からその組織的な取り組みのあり方を考える点にコンプライアンスの要諦がある」としています[*3)]。

さらに中島茂弁護士は、コンプライアンスを株主・消費者・従業員・取引先それに社会に対するコンプライアンスと分類し、法令遵守に留まらず、その奥にある「相手方の期待に応える」「相手方を大切にする」という意味を大事にしたいとしています[*4)]。

その他にも、コンプライアンス（compliance）と共通の語源性がある「完全性」（complete）から、その意味を「願望、要請、需要などに適うこと」とする見解[*5)]があります。誰の願望、要請、需要などに適うかについては、①企業は社会の一員である以上、まずその要請に適うこと、すなわち、法律や社会規範を尊重すること、②株式会社であれば、株主の利益に適うこと、それは株価や配当の最大化であり、③商品やサービスの利用者である消費者の要請や需要に適うこととし

---

[*1)] 季刊「コーポレート・コンプライアンス」（2004年11月桐蔭横浜大学コンプライアンス研究センター発行）創刊号巻頭言
[*2)] 郷原信郎著「コンプライアンス革命」（文芸社発行）221頁　他
[*3)] 「コンプライアンスの考え方」（中公新書2005年刊）
[*4)] 「仕事の法律」（三笠書房刊）30頁
[*5)] 「よくわかる金融機関のコンプライアンスＱ＆Ａ」（社団法人金融財政事情研究会）4頁

ています。

　以上見てきたように、コンプライアンスとは単に「法令」や「法令等」を「遵守」するだけでなく、その法令（等）の背後にあるステークホルダーないし社会の期待や要請に応えるという意味を持つ、自覚的で自律的な概念と捉えるのが、現在のコンプライアンスの大きな流れであることが分かります。

　日本でコンプライアンスという言葉が使われだしたのは、1980年代後半以降のココム規制や独禁法の特定分野の違反問題からであり[6]、一般的な法令を対象とした遵守体制（又は態勢）として使われたのはここ10年程度だと言われます。特定の法規制等から使われだしたのが元になり、「法令遵守」という訳語が一般化したものと思われますが、その本来の意味が問い直されてコンプライアンスの正しい理解が広まろうとしています。

　ただ、ここで気をつけなければならないのは、社会的な要請ないし相手方や社会の期待とは一体何かということです[7]。従業員や株主など特定のステークホルダーからの期待ないし要請といえばまだしも、社会一般からのそれといった場合、漠然としてよく分かりません。特に企業などの場合、何らかの基準・拠りどころとなるものがないと、個人任せとなってしまい、組織的な対応が困難となってしまいます。その意味では、企業や個人の行動規範・倫理基準としてできるだけ明文化、客観化することが望ましいところですが、すべてを可視化することはできませんし、明文化するとそれを守ることが自己目的化するという弊害も出てきます。一つの答えとしては、当該法令や規制の理念や目的とするところから、その背景にある社会的要請や期待を汲み取ることであると考えます。そのためには当該法令等に関する立法の

---

[6] 法学セミナー537号（1999年9月号）野村修也教授「内部統制とコンプライアンス」
[7] 季刊「コーポレート・コンプライアンス」（桐蔭横浜大学コンプライアンス研究センター発行）9号123頁以降の真崎晃郎氏「企業から見たコンプライアンスの考え方」では、「社会の要請」の定義の有用性を指摘されています。

意図、成立の経緯等まで遡って法の趣旨を正しく理解することが大切であると考えます。本書の各論においては、この視点から建設業に関連の深い個々の法律の主要テーマを解説することにしています。

## 2 CSRとコンプライアンス

近年コンプライアンスという言葉とともに、CSRやSRI（社会的責任投資）という言葉がよく新聞等で取り上げられます。アルファベット文字氾濫の中、これらも欧米から入ってきた概念であるため、その意味がすんなり頭の中に入ってこないというのが初めて聞いたときの大方の人の感想でしょう。ここでは、CSRとは何かについて触れ、コンプライアンスの概念との関係について考えることとします。

CSRは、Corporate Social Responsibility の略であり、一般に「企業の社会的責任」と訳されますが、別に、Corporate を企業と訳す必要はなく、あらゆる法人、組織、団体について Social Responsibility はあるという考え方があります[8]。また「社会的責任」についても「的」を取って「社会責任」という考え方を取る人もいます。本稿では一般的な CSR（企業の社会的責任）という言い方をします。

CSRとは何か[9] について、明確な定義はありません。大まかには、「企業経営のさまざまな場面や過程で、企業を取り巻く利害関係者（ステークホルダー）[10] や環境に対し、社会の一員としての責任を果たしていくこと」です。言い換えると、企業の使命は、事業活動を行う中で利潤を上げ、投資や賃金、配当等という形で分配していくことです

---

[8) 現在 ISO で CSR ガイダンスの策定作業が進められていますが、そこでは「SR」という表現になっています。
[9) 一橋大学大学院商学研究科谷本教授は、CSRとは、「企業経営のプロセスにおいて、社会的公正性、倫理性、環境や人権に対する配慮を組み込んで行くこと」であるとされます。
[10) 顧客、社員、株主、取引業者、行政、地域社会等企業活動の過程において何らかの関わりのある者や機関等のことです。

が、その過程で企業を取り巻くいろいろなステークホルダーや生態系を含めた地球環境に対して向き合い、それに対する責任をバランスよく果たしていくということです。

では、なぜ近年CSRが強く叫ばれるようになってきたのかという点について述べます。

それは一つに、ステークホルダーと呼ばれる企業活動を取り巻く利害関係者の範囲に対する認識が拡大し、さらにその影響力が増してきたという事実です。従来、企業の利害関係者といえば、顧客、株主、従業員、行政くらいしか頭に浮かばなかったのが、今では、市民、地域社会、NPO・NGO、投資家などのステークホルダーが明確に認識され出したということです。IT技術の進展、市民社会の成長、資金調達手段の多様化等、最近の経営環境の変化が、従来ステークホルダーとしての認識が低かった関係者について、改めてその存在が大きくなってきたといえます。NGOといっても、日本ではあまりなじみは無いのですが、ヨーロッパでは特にこのNGOが大きな発言力を持っているといいます。建設業においても今後、特に海外事業を展開していくうえで、グローバルに活動するNGOとの連携・協力がCSRを推進するうえで大きな位置を占めるようになってくるといわれます。

次に、1990年代以降一連の企業不祥事の発生を背景とした企業活動に対する監視や制裁の強化です。市民意識の向上、公益通報者保護の法制化、IT技術の進展等により、反社会的行為や企業不祥事が発覚し易くなり、ひとたびそれらが起これば、被害者から会社に対する損害賠償請求、株主からの株主代表訴訟、あるいは代表者の引責辞任等に止まらず、最近では、世論やマスコミの批判に晒され、場合によっては市場からの退場という事態に至ることがあります。このような経営環境の変化が企業経営の倫理性や透明性の強化を促す役割を果たしています。

また、CSRが注目される理由として、企業評価基準の変化があります。

従来企業の評価基準は財務的な部分での評価が主であったのが、いまはそれだけではなく、環境とか、労働、コンプライアンス等の非財務面も加味してトータルで評価されるようになってきています。日本では、まだ規模が小さいものの、社会的責任投資（SRI）と呼ばれる投資が徐々に注目されだしています。

　また、最近では、入札参加資格等に利用される経営事項審査には、社会性の評価項目があり、労働福祉とか防災協定等が評価対象となっています。さらに建設業に適用すべきCSR評価基準の検討、評価結果のデータベースの社会的な活用方策についての調査研究も行われています[*11)]。

　他に、CSR調達と呼ばれる、取引先の選別にCSRへの取り組み実績を求める傾向が強くなっていることが挙げられます。これは、サプライヤーのCSRは、すなわち当該企業のCSRそのものという考えによるものであり、今後この傾向はますます進むものと予想されます。

　では、ここで、視点を少し変えてCSRの考え方の広がりを時間的な経過で追ってみます。

　バブル経済崩壊後、不良債権処理や企業再編等が行われる過程で、産業界では株式持合い構造の変化が起こり、それに伴い外国人株主が増加し、またIT技術の進展等とともに、企業の資金調達や生産・販売活動がグローバル化してきました。そのような中、欧米を中心にCSRに関する議論がさかんになり、社会的責任投資（SRI）の動きなどもあり、日本でも2000年代に入って、日本経団連等の経済団体や特にグローバル企業がCSRの取り組みを拡大してきました。建設業界でも、2004年10月に日本建設業団体連合会が中期ビジョンを発表し、その中でCSRへの対応が示され各企業においても、企業行動憲章の

---

＊11)「建設企業におけるCSRの評価制度および当該評価制度データベースの活用方策に関する調査報告書（平成18年度）」（平成19年3月　委託者　財団法人建設業情報管理センター、受託者　財団法人建設経済研究所刊）

見直しが進められ、徐々にCSR経営の重要性の認識が定着してきました。

では、このCSRとコンプライアンスはどのような関係にあるのでしょうか。コンプライアンスを広義に捉え、単に法令等へのcomply（遵守）に留まらず、法令等の背景にある社会的要請・期待へのcomply（適応）をも含む意味だと解すると、企業が事業活動を行う過程で、さまざまなステークホルダーや環境に対してきちんと向き合い、社会の一員としての責任を果たしていくという意味でのCSRの概念とほぼ重なり合う部分が増えることになります。欧州においては、CSRはコンプライアンスとは別物という考え方であり、企業活動においてコンプライアンスは当然であり、CSRはそれ以上の社会への貢献、社会的課題への取り組みを意味するといいます。しかし、日本では少し様相が異なり、コンプライアンスの問題は企業経営の根幹をなすという考え方が主流であると思われます。要するに、コンプライアンスをCSRの重要な要素とするかどうかは別として、法治国家においてコンプライアンスは個人や企業が社会活動や事業活動を行ううえで当然前提となるものです。これをCSRの内容に取り込むのは、現在の企業不祥事の頻発、その背後にある社会的・構造的問題状況があるからであり、これを最優先課題として解決するためにCSRの要素に組み込むのか、あるいは別の課題として取り組むのかという違いに過ぎません。少なくともCSRの考え方が目指すものは、企業が社会や環境に対して積極的な関わりを持つということであり、コンプライアンスより広い概念です。コンプライアンスを抜きにして企業経営が語れないという現状では、CSRの重要な基底部分を占めるものとしてコンプライアンスを捉えるほうが理解しやすいと考えます。

## 3　コーポレート・ガバナンスとコンプライアンス

コーポレート・ガバナンス（企業統治）とは、端的には「企業経営

を監視する仕組み」のことです。経営の監視とは、「経営者の監視」と「経営全体の監視」の２つの意味が含まれています。

　所有と経営が分離している株式会社では、ヒト・モノ・カネ等の経営のための資源が必然的に経営者に集中する状況が生まれ易く、会社から委任を受けて経営にあたる経営者が、委任の範囲を逸脱することにより生ずる弊害を如何にコントロールするかが「経営者の監視」としてのコーポレート・ガバナンスの問題です。

　本来株式会社は、株主がオーナーですから、株主が直接経営者をコントロールないし監視すればいいはずですが、企業規模が大きくなればなるほどそういうわけにもいきません。そこで会社法では、大会社の場合、監査役会設置会社と委員会設置会社の２つの形態を認め、どちらを採用してもよいことになっています。

　監査役会設置会社では、監査役が取締役の職務執行全般を監査します。そのために取締役や使用人に対し、営業に関する報告を求め、また、業務・財産の状況を調査することができます。取締役の違法な行為により会社に著しい損害が生じるおそれがある場合は、取締役の行為を差し止めることができます。近年、監査役の取締役会への出席義務化や任期の伸長など監査役の地位や権限はますます強化されています。また、監査の実効性を上げるために会計監査人や企業の内部監査部門との連携が図られています。

　一方、委員会設置会社では、取締役会の決定権限を業務執行機関としての代表執行役や執行役に大幅に委譲し、代わって社外取締役が過半数を占める三委員会（報酬委員会、指名委員会、監査委員会）を設け、取締役や執行役に対する監督機能を果たします。委員会設置会社の取締役会は経営の基本方針の決定等の重要な意思決定を行う他、執行役の選解任を行い、執行役の職務執行を監督します。このように執行と監督を分離し、社外取締役の外部からの視点を入れることにより、経営の効率性、透明性、客観性の確保を図っています。

　従来コーポレート・ガバナンスのあり方は、不正行為の防止（健全

性）という面から議論されていましたが、企業の効率性（企業の収益力・競争力の向上）の観点からも議論されるようになってきています。「経営全体の監視」の意味のコーポレート・ガバナンスです。これは、右肩上がりの経済成長と間接金融中心の金融システムが崩れ、景気の長期低迷、株式の持合の解消と外国人株主の保有割合の増加、直接金融の割合の増加等を背景にしています。特に、今回の会社法でも、業務の適正を確保する体制整備、つまり内部統制システム整備の内容に、「健全性」だけでなく、企業が本来目指すべき「効率性」の確保のための体制整備も含まれ、内部統制システム整備の内容全体が監査役の監査の対象となっていることにも表れています。

　コーポレート・ガバナンスには色々な議論がありますが、その中でもコンプライアンスは、企業経営の目的の一つ「健全性の確保」との関係において、大きな位置を占める概念です。会社は誰のものなのかという議論とも関連して、現在では、コーポレート・ガバナンスのあり方について、株主以外にも、従業員、取引先、地域社会などのステークホルダーとの関係において、会社の限られた経営資源をどのように配分するのかというかたちで論じられています。コンプライアンスを法令の「遵守」面だけでなく、社会からの要請や期待に応えることとする新しい考え方は、コーポレート・ガバナンスとステークホルダー論における「企業経営の健全性」のテーマにおいても深く関わることになります。

## 4　内部統制システムにおけるコンプライアンス

　内部統制[*12)]とは、一般に、経営者が経営責任を遂行するために必要な組織内の牽制体制をいいます。経済産業省が2003年6月に公表した「リスク管理・内部統制に関する研究会報告」では、「内部統制」とは、「企業がその業務を適正かつ効率的に遂行されるために、社内に構築され、運用される体制及びプロセス」であるとしています。

2006年5月から新しい会社法が施行され、大会社で取締役会において内部統制システムの整備方針を決議しなければならないとされました（同法362条4項）。
　なぜこのような決議をしなければならないのかというと、それは現代の大会社は、その活動が社会に与える影響が大きく、相次ぐ企業不祥事の例からも言えるように、各会社が自ら適正なガバナンスを確保するための体制を整備しないとゆくゆくは会社制度そのものの信頼を揺るがしかねないという危機感から、会社経営の基本に係る重要事項として取締役会においてその整備方針を決定することを求めたものです。そして、取締役は、取締役会の方針に基づき、会社の業務が適正に行われるための具体的なコンプライアンス体制やリスク管理体制等の内部統制体制を整備することが必要となります。それがそもそも取締役の会社に対する受任者としての善管注意義務の内容となるのです。
　この決議はあくまで基本方針の決定であり、各企業はその方針に基づく具体的な制度や仕組みづくりを進め、それらにしたがって事業活動を行うことが要請されています。
　上記のように内部統制システム構築においてその重要な部分を占めているのが、「取締役及び使用人の職務執行が法令及び定款に適合することを確保するための体制」すなわち、コンプライアンス体制の構築です。
　これまでの企業不祥事が何らかの法令違反に根ざしているのが多いことから当然ですが、社内規定を作って役職員のコンプライアンスの

---

＊12）2007年2月15日企業会計審議会が公表した「財務報告に係る内部統制の評価及び監査の基準」では、内部統制の定義を「内部統制とは、基本的に、業務の有効性及び効率性、財務報告の信頼性、事業活動に関わる法令等の遵守並びに資産の保全の4つの目的が達成されているとの合理的な保証を得るために、業務に組み込まれ、組織内の全ての者によって遂行されているプロセスをいい、統制環境、リスクの評価と対応、統制活動、情報と伝達、モニタリング（監視活動）及びIT（情報技術）への対応の6つの基本的要素から構成される」としています。

意識付けをするだけでなく、日常の業務活動においてコンプライアンス問題を引き起こさないための仕組みづくりが求められています。したがって、例えばこれまで企業がどのようなことからコンプライアンス上の躓きを起こしたかという事例研究を行い、個々の業務プロセスに他者の目（監視）を入れることが必要になってくると思われます。

　内部統制に関して、もう一つ重要な法律があります。それは、従来の証券取引法が改正された「金融商品取引法」です。この中で、企業の財務報告の適正性や信頼性確保のために、有価証券報告書提出にあたり、経営者は内部統制の整備状況・有効性に係る評価の報告書を作成し、その報告書について、外部監査人の監査を受けて内閣総理大臣に提出することがすべての上場会社に義務づけられました。

　会社法と金融商品取引法の内部統制の違いは、法による保護の対象が会社法では株主であり、一方は投資家という点、規制の対象とする会社が会社法では大会社であり、片や上場会社といった点、また会社法は、コンプライアンスやリスクマネジメントなど企業経営全般にわたる内部統制システム構築なのに対し、金融商品取引法では、財務報告にかかる内部統制の構築と特定されている点です。いずれにしても、これら2つの法律の内部統制に関する定めが求めるものは、整備された仕組み等に基づいて会社の業務が適正に遂行されることです。本来の目的を見失うことなく、仕組みづくりと実際の運用を繰り返し見直しつつ取り組むべき課題です。

## 5　コンプライアンスとリスクマネジメント

　リスクマネジメントとは、一般にリスクの確認と評価、リスク発生の予防、リスク発生による損失の最小化などのリスク対応策の立案と実施、そのリスク対応策の評価と改善を繰り返し組織的・継続的に実施することをいいます。前記経済産業省の「リスク管理・内部統制に関する研究会報告」では、「リスクマネジメント」とは、「企業の価値

を維持・増大していくために、企業が経営を行っていくうえで、事業に関連する内外のさまざまなリスクを適切に管理するプロセス」であるとしています。リスマネジメントは、内部統制の重要な要素となります。

　そもそもリスクとは何かについては、「損失の可能性」とか、「損失の危険」、「不確実性」といった言葉で言い換えられます。ところが、リスクを一義的に捉えることはなかなか難しく、実際はさまざまなレベルのリスクや何らかの方法で測定可能なものやまったく測定不可能のもの等が混在して論じられる場合が多いと思われます。

　リスクの区分の仕方には、「事業機会のリスク」と「事業遂行上のリスク」、それに「クライシスリスク」とに分ける方法があります。事業機会のリスクとは、新商品の開発や新規事業への進出など何らかの事業機会の際に認識するリスクであり、事業遂行上のリスクとは例えば、施工活動時の品質とか安全にかかるリスクなど事業活動上発生し得るリスクのことです。クライシスリスクは文字通り地震等の自然災害や事件事故等の緊急事態・危機的場面に関するリスクのことです。その他にも、付保の可能性で分類する純粋リスクと投機的リスク、リスクとリターンとの関係に着目したマイナスのリスクとプラスのリスク、またはリスクの発生源による外部リスクと内部リスク等といった分類の仕方があります。このような種々の視点からリスクを把握・分析し、予防対策や発生時の対応策を立て、その実施状況をモニタリングし、改善を重ねていくというプロセスがリスクマネジメントです。今日リスクマネジメントは、全社的リスクマネジメントとか企業リスクマネジメント（ERM = Enterprise Risk Management）というリスクマネジメントの新しい手法が論じられています。COSOでは、「企業リスクマネジメントとは、事業体の取締役会、経営陣、その他の構成員によって実行され、企業の戦略策定にあたり、かつ企業全体にわたり適用されるプロセスである。企業マネジメントの意図するところは、その事業体の目的の達成に関する合理的保証を与えるために、事

業体に影響を及ぼす可能性のある潜在的事象を明確化し、リスクを事業体のリスクアペタイト[*13)]内で管理すること」であるとしています。いずれにしても、今後は品質・安全・環境等日常の業務活動の中でのリスクマネジメントから経営戦略に繋がるリスクマネジメントが企業間競争あるいは企業価値の向上において要求されることになるでしょう。

　コンプライアンスリスクは現代の企業のリスクマネジメントにおいて、特に重要なリスクの一つです。コンプライアンスリスクのマネジメントとは、事業活動のさまざまな局面における法令違反や社会規範違反リスク、さらに新しいコンプライアンス論では、社会的要請への不適応リスクをどのように把握し、対策を立て、実施し、評価・改善していくかという一連のPDCAサイクルの回転のさせ方です。コンプライアンスリスクの対策は、その発生可能性の把握から始まりますが、発生の確率、頻度、業績への影響度合い、社会的な反響等リスクの評価を行い、発生原因となるものの測定から対策を立てることになります。コンプライアンス教育は基本であることは確かながら、不正行為を起こさせない仕組み、チェック体制（例えば、強制的に休暇を取らせて他の者が当該業務のプロセスに立ち入り、点検する等）による対策を立て、実施していくことになるでしょう。このようなシステム作りが内部統制そのものであり、順次改善していくことがコンプライアンスのリスクマネジメントとなります。コンプライアンスリスクのマネジメントを確立してこそ社会的責任を果たし、社会から信頼される企業をつくる重要な基礎となります。

---

[*13)] リスクアペタイトとは、リスクに対する追及姿勢であり、かつリスク想定範囲のことをいいます。

## 6　コンプライアンスとソフトロー

　従来の企業の社会的責任論は、企業が経済的余力を活かして慈善的・付随的に行うものという傾向が強かったものが、近年では社会的責任の遂行を企業の本質的な構成要素として組織化し内部化しようとするヨーロッパの考え方の影響から、社会的責任の遂行は「企業経営そのもの」とする考え方があります。

　会社が株主価値の最大化を図り、持続的な発展を目指すためには、社会的責任を果たし、社会や国民から信頼を得られる存在でなければなりません。CSRに関する取り組みの中で、当該企業にとって中心的な経営テーマとなる社会的責任の課題（例えば、コンプライアンス等）については、組織的な対応が必要となり、それは内部統制ないしリスク管理体制の問題となります。そこでは法的な強制や制裁を伴わずとも、CSR（企業の社会的責任）論が事実上かなりの強制力を持った一種の社会規範ないし「ソフトロー」として機能することがあります[14]。このソフトローとは、国の法律ではなく、最終的に裁判所による強制力が保証されていないものの、現実の経済社会において国や企業又は市民が何らかの拘束力を感じながら従っている規範のことをいいます。現代では、国や企業、市場、国際的諸関係においてハードローでは対応しきれないさまざまな関係を規律する規範としてこのソフトローの果たす役割が重要視されてきています。ソフトとかハードというと、コンピュータ用語に慣れ親しんでいる人には、ピンとこないかも知れませんが、主として強制力の有無で言い分けている概念で

---

[14] EUにおける企業の社会的責任論は、ソフトロー化のプロセスにあるといわれています。EUのグリーンペーパーは、社会的責任の定義を「遵守すべき法規制や慣習を超えた自主的な取り組みに基づき、社会的関心事および環境上の関心事を業務遂行の中に統合せしめ、かつさまざまな利害関係人との相互作用において統合せしめる概念」としています。

す。この漠然としてつかみ所のない膨大なソフトローを政府規制分野、市場取引分野、あるいは情報財産分野等のいろいろなカテゴリーに分けて研究する試みが進められています。

現在、企業ないし事業者団体において、行動規範の規格化や評価基準の模索により、規範化とその実効性の確保が追求されており、このような傾向は、今後も継続されていくものと見られています。

各業界団体では自主的な基準や規範を設けて各企業に対しそれに従うことを促し、政府機関もその充実を期待し、支援するという動きがあります。特に会社法においては、規制緩和が進み、経営者に経営の選択肢を拡大する一方で経営者に対する説明責任の要請を強めています。例えば内部統制システム整備については、整備項目は示してもその中身は各企業の実情に応じて自由に定めることができることになっており、業務の適正を確保する体制を作るうえで、企業が自主的なルールをつくり、遂行状況をチェックしつつ、違反者に対するサンクションを自ら設定することにより、その実効性を確保しようとしています。これこそソフトローの典型例であり、ハードローが手の届かないところのものです。また市場においては、証券取引所が定める規則に象徴されるようにコーポレートガバナンス論との関係でソフトローの役割が重要となっています。CSRの規格化、企業評価の対象化の動きにもソフトローとの関連性が見えてきています。

新しいコンプライアンス論の立場からは、ハードローがカバーし切れない部分を補い、あるいはその背後にある社会的要請や期待を具体化する役割を果たすソフトローは、当然コンプライアンスの対象であり、有効なツールにもなってきます。

## 7　コンプライアンスとビジネス・エシックス

エシックスとは、通常「倫理」と訳されますが、もともとギリシャ語の「エトス」という言葉に由来するもので、習慣あるいは生活姿勢、

実践や行為のパターンという趣旨といわれます。そもそも倫理の出発点は、人間の共同生活にあり、その共同生活を維持するために自発的に守られている規則が倫理であり、したがって、それは「人間の社会生活には、常に必要不可欠なものである」とされています[*15]。

ビジネス・エシックスとは、仕事に係る倫理、すなわちさまざまな業務活動における倫理という意味で、企業活動における「企業倫理」、病院や学校、公益法人等の公共性の高い法人の経営活動における「経営倫理」、公務員、医師、弁護士、技術者、教師等の職業に係る「職業倫理」などを包摂した広い概念のことをいいます。そういう職場や職業人それぞれと関わり合う者などとの関係を維持するために自律的に守られていること、あるいはその考え方がビジネス・エシックスと呼ばれています。

企業倫理とは、ビジネス・エシックスの意味からすると、企業が企業活動を取り巻くさまざまな関係者（顧客、従業員、株主、行政、地域社会等）との関係を維持していくための自主的・自律的取り組みということになります。これは、CSR（企業の社会的責任）の概念と重なりますが、CSRの考え方には、それに基づき企業と社会の持続的な発展を図るという目的が加わります。近年、企業倫理の確立がCSRという言葉に変わってきた背景もそこにあると思われます。企業倫理とコンプライアンスの関係についても、CSRとコンプライアンスの関係と同様、コンプライアンスは企業倫理の重要な要素であり、企業倫理の確立の大前提という位置にあります。コンプライアンスを法令やその背後にある社会的要請や期待に応えることと理解すると、法令をバックボーンとしながらほぼ企業倫理の概念に重なっていくものと思われます。

医師、弁護士、技術者等個々の職業人に係る「職業倫理」について、建設業関連では、建築士、施工管理技士、技術士等の技術者に関する「技

---

[*15] 水谷雅一著「経営倫理学のすすめ」（丸善ライブラリー）まえがき3頁

術者倫理」が問題になります。技術者倫理とは、技術が自然や社会に及ぼす影響や関係性を理解し、技術者としての責任と自覚をもって行動することとされ、倫理に関する責任感や意識はもとより、行動することが求められています。技術資格者に関する法律で権威ある「技術士法」は、その目的を「技術士等の資格を定め、その業務の適正を図り、もって科学技術の向上と国民経済の発展に資すること」としていますが、2000年の改正により、信用失墜行為の禁止や秘密保持義務に加えて「公共の安全、環境の保全その他の公益を害することのないよう努めなければならない」としています。

　また、土木学会等の倫理規程、日本技術士会の技術士倫理要綱等でも技術者倫理が謳われ、APECエンジニアの資格要件[*16)]でも、技術力に技術倫理が必須とされています。大学などでの技術者教育プログラムを評価し、認定する日本技術者教育認定機構（JABEE）においても認定基準に「教育目標の一つとして技術倫理が設定されていること」を挙げています。

　これらは、世界に誇る高い技術力を有しながら従来特に公共事業に携わる技術者に対する社会的評価が今ひとつであることの反省に立っての規定化であると思われます。技術が自然や社会との関わり合いの中で存在するものである以上、プロフェッショナルである技術者は、コンプライアンスや安全性・環境保全等に責任を持ち、行動することこそ社会からの信頼を得る基礎となります。

　それぞれに事業の目的を掲げて事業活動を行う企業、それに関わる技術者が本来社会から求められている要請・期待を裏切り、自ら社会的な存立基盤を否定するような行為を行った場合、市場からの退場あるいは資格剥奪といった法令による罰則以上に厳しい社会的制裁を受けることは過去の事例により明らかです。

---

*16) APEC（アジア太平洋経済協力会議）諸国でAPECエンジニアの登録をすれば国内資格と同様の扱いをするというもの

ビジネス・エシックスは、このようにコンプライアンスを当然の前提とするものであり、重要な要素でもあります。法令遵守の概念を越えて広く社会や環境との関係を維持していくという意味では、新しいコンプライアンス概念と共通する部分があると思われます。

## 8　まとめとして

　上記のとおり、コンプライアンスの概念をその他関連する概念と比較しつつ述べてきましたが、言えることは新しいコンプライアンス論と共通する、重なり合うものが多いということです。それは、いずれの概念も企業や個人が社会的存在であり、それぞれの視点や切り口の違いがあっても、社会（地球環境も含む）との関係を遮断することはできない実在であることに根ざしているからです。

　企業や個人の不祥事は、反社会的な行為、社会から是認されがたい活動であり行動です。建設業から不祥事をなくし、社会から信頼を得て持続的に発展していくためには、一人ひとりが社会的感覚を鋭敏に保ち、絶えず客観的な視点を持って自らを律する姿勢と勇気が必要ではないかと思います。

　コンプライアンスの概念は、ややもすると後ろ向きのネガティブなイメージで捉えられる向きがあり、組織的な対応ともなるとその傾向が強くなりがちです。しかし、新しいコンプライアンス論のように社会との関わりの中で、企業や個人が社会において果たす役割は何か、社会に対して何ができるかという視点からコンプライアンスを問い直すと、そこにはもっと前向きで積極的な意義が見えてきます。つまるところ、それは企業にとっては企業価値の向上であり、個人にとってはその企業や産業で働くことの誇り、働きがいであると考えます。今建設業にとって最も重要な課題の一つである「魅力ある建設業」の基礎づくりもそこに原点があると考えます。

〔島本　幸一郎〕

# 第2章 ● 建設業におけるコンプライアンス問題

　建設業におけるコンプライアンス問題の典型は、入札談合問題です。これまでの事件の数、あるいは社会に対する影響度等からいって、この問題の解決なくして社会からの信頼を得られないどころか、建設業界の持続的な発展はないと考えます。この問題が日本の社会・産業構造や日本人の意識構造に深く根ざした問題であるだけに、その根本的な解決には単に制裁措置の強化だけでなく、入札契約制度、地域産業政策、雇用労働政策等々、様々な角度からの粘り強い変革が必要であると考えます。

　本章では、まず、入札談合問題を巡る最近の動向と公共工事調達における低価格入札問題を取り上げ、さらに建設業におけるその他コンプライアンス問題のパターンを概観します。

## 1　建設業のコンプライアンスを巡る状況

　建設業界で初めてコンプライアンスの言葉が使われ出したのは、1991年7月、公正取引委員会の「独占禁止法遵守ガイドライン」の公表後、各企業が「コンプライアンス・マニュアル」等を策定し出したあたりからではないかと思います。以来コンプライアンスの言葉は、専ら法令遵守か、あるいは独禁法遵守くらいの意味にしか受け止められて来なかったと思われます。その中でも入札談合問題が中心課題であったにもかかわらず、事件の数が減少することがなかったのは、さまざまな要因の一つにそれが独禁法上の犯罪であるとの認識が低かったことによると思われます。1977年に課徴金制度が導入されてから独禁法違反行為に対する行政上の措置は課徴金を中心に行われ、日米構造協議後の1990年6月、公正取引委員会からの刑事告発積極化の方針公表後も最近まで建設業界での刑事告発はなかったことも影響してい

ると思われます。

　それが、2005年から2006年にかけて成立し施行された３つの法律によって大きく様相が変わってきました。建設業界に大きなインパクトを与え、コンプライアンス経営の推進の大きな流れを作った法律は、まず何といっても改正独占禁止法（2005年４月公布、2006年１月施行）です。

　改正独禁法には競争制限行為に対する厳しい制裁措置と違反行為の自主申告者に対する措置減免制度、刑事告発を容易にする犯則調査権限等が導入されました。改正独禁法の運用効果については、2007年５月公正取引委員会公表の「平成18年度における独占禁止法違反事件の処理状況について」によると、入札談合等の違反行為に対する法的措置件数が、2005年度（平成17年度）19件に対して2006年度（平成18年度）13件（うち入札談合事件は2005年度13件に対し2006年度６件）、措置対象事業者等の数は2005年度492名に対して2006年度73名と減少しています。前々年度（2004年度）が35件、472事業者であったことを見ても、その減少ぶりがはっきりしています。そして改正前の予想ではあまり利用されないであろうと見られていた措置減免制度については、2006年度中79件（2006年１月の制度導入以降の累計105件）もの自主申告がなされています。さらに、犯則調査の結果、刑事告発に至ったものは2006年度２件と、これも1990年の公正取引委員会の告発方針公表後も２年に１件程度しかなかったのに比べると明らかに増加しています。

　次に、改正独禁法と並んで、影響の大きい法律が「公共工事の品質確保の促進に関する法律」（以下「公共工事品質確保法」。2005年３月公布、2005年４月施行）です。公共工事品質確保法は、それまで価格競争一辺倒であった公共工事の調達制度に価格だけでなく建設業者の技術力や工夫を含む総合的な評価方式により落札者を決める制度の導入に大きな道を開いた画期的な法律です。この法律では全ての公共工事における個々の工事において入札参加事業者の技術的能力を審査し

なければならないこと、技術提案された場合には適切に審査・評価しなければならないこと、さらに技術提案をした者に対し、審査において、当該技術提案に対して改善を求め、又は改善を提案する機会を与えることができるとして「技術的対話」を規定していること、また、予定価格の算定についても、発注者が「高度な技術又は優れた工夫を含む技術提案を求めた」場合には、「当該技術提案の審査の結果を踏まえて」予定価格を定めることができるとして予定価格算定の柔軟性を規定していることなどを特徴としています。

国土交通省は、総合評価方式の普及に努め、2006年度の8地方整備局合計の実施件数は8,195件（港湾空港関係除く）と前年度の約5倍となり、金額ベースで9割、件数ベースで6割以上を達成しています。また、評価項目の見直しや活用事例集の作成を行うとともに、公共工事の品質確保をより確実なものとするため直轄工事での「施工体制確認型総合評価方式」の試行や、簡易型や特別簡易型の総合評価方式の市町村等への拡充を図っています。

指名競争入札から一般競争入札への移行など種々の入札契約制度の見直しが進められる中にあって、価格だけに拠らない、価格と技術力等総合的な評価に基づく落札方式の採用は、まだまだ改善の余地はあるにしても、本来の競争のあり方を示すものとしてコンプライアンス意識の改革にも大きく寄与しています。

そして、3つ目の法律は、会社法（2005年6月公布、2006年5月施行）です。

会社法では、機関設計の多様化、定款自治の拡大等企業経営の自主性を尊重する一方で、自己責任による経営と説明責任を求め、またコンプライアンスやリスク管理体制等、内部統制システムの整備による会社制度への信頼性の確保を図っています。内部統制システム整備の基本方針は、取締役会設置会社においては、取締役会の専決事項とされ、大会社においては、取締役会においてその基本方針の決議が義務付けられました。そして、毎年株主に対して開示される事業報告（従

来の営業報告書に該当）において、決議内容の概要が開示されるとともに、監査役の監査の対象となりました。入札談合の防止などコンプライアンス体制の整備は、リスク管理と並んで内部統制システムの土台を形成します。それは単なるお題目ではなく、確実に運用し、実効あるものにすることが求められています。会社法では、コンプライアンス体制整備をはじめ、どのような内部統制システムを整備すべきかについて具体的な内容は定めず、企業の規模、事業の特性、経営上のリスクの状況等を踏まえて、当該企業の独自の経営機構として内部統制システムを構築することとしています。いずれにしても、取締役は内部統制システムを適切に整備し、運用しないと取締役の任務懈怠と評価されることになります。

　このように、これらの法律は、公益通報者保護法その他の主要な法律制定等と相俟って、建設企業や業界構造の改革を促す大きな梃子の役割を果たしています。戦後経済復興期から高度経済成長期、オイルショック後の安定成長期、バブル期とその後の長期低迷期、そして経済再生期の現在に至る過程で、建設業にとって試練の時期があり、それぞれ変革の波はあったものの、現在ほどその真価を問われる時代はないと思います。高い技術力・品質力を有しながら、ひとたび社会からの信頼を失うと企業の活力は急速に萎え、それを回復するのに多大な時間とエネルギーを要するか、もしくは市場から退場を余儀なくされることになるのが現在です。従来企業再編が進まない業界と言われてきましたが、日本の産業界全体がグローバルな競争にさらされる中で建設産業の構造改革は必至のいま、コンプライアンス問題に徹底して取り組み、真の競争力をつけた企業でないと企業再編の渦中に巻き込まれることになると思われます。

## 2　入札談合問題をめぐる2つの提言

　改正独禁法が施行され、いよいよ会社法が施行段階に入る直前の

2006年4月に建設業の入札談合問題に係る重要な2つの提言が相次いで公表されました。

(1) 日本土木工業協会の提言書

　2006年4月27日、日本土木工業協会（土工協）は「透明性ある入札・契約制度に向けて―改革姿勢と提言―」を発表しました。そこには違法行為に繋がりかねない旧来のしきたりからの決別と改革による新たなビジネスモデル構築へ向けた決意が表明され、コンプライアンス経営徹底と魅力ある産業としての健全な発展へ向けた、具体的な提言が盛り込まれています。

　つまり、同提言は、国民の建設業に対するイメージについて、国民の8割が公共事業の必要性を感じる一方、7割が公共事業に悪い印象を抱き、8割以上が談合などの不正があると思っている現状（国土交通省実施のアンケート調査結果）を真摯に受け止め、透明性や公正性、ルールに基づく自由な競争が強く要請されている社会的背景のもと、これまでの業界の取り組みについて「自らを改革することや、公共調達制度にかかわる根本的問題を改善することに対し、建設業者は消極的であった」と振り返り、そして今後の改革姿勢として、談合はもとよりさまざまな非公式な協力など旧来のしきたりからの決別、不透明な営業活動に繋がるような人材の受け入れは行わないことを宣言しています。具体的には、「入札・契約プロセスの透明性の確保」「契約形態の多様化に対応した契約約款の検討」「人材活用システムの確立」の3つの骨子を示し、問題点をあげ提言をしています。特に、形式的な競争になりかねない課題として、「複数年にわたる工事の適正な執行」「調査・計画・設計段階における建設業者の役割の適正化」「JVによる事業実施方式の適切な運用」の3つを喫緊の課題としてあげ、また総価契約を前提とする現行の公共工事標準請負契約約款の弊害をなくし、多様な請負契約形態の導入等への対応ができるものとすること、あるいは産・官・学の人材を活用した新しい人材活用システムの確立を提案しています。

かつては1988年12月、在日米軍発注工事に係る独占禁止法違反事件が摘発され、関係会社が同法及び建設業法による処分を受けた後に日本建設業団体連合会（日建連）、土工協など建設業7団体により設置された「建設業刷新検討委員会」では、1990年7月に「新しい時代に対応する入札・契約制度のあり方に関する要望書」を当時の建設省に提出し、あわせて建設業界との意見交換を行う懇談会の設置を要望しました。同要望書では、米軍横須賀基地事件を契機に独占禁止法違反事件をなくし、社会から信頼される企業活動のあり方について検討を重ね、種々の取り組みを行ってきたことを報告するとともに、建設業の新しい技術を生かし、健全な産業発展を目指すために入札・契約制度の見直しを要望しています。その要望項目の中には、その後の国の施策の中で実施されてきたものも多くありますが、JV制度の見直しなど2006年の土工協提言でも改めて取り上げられた項目もあります。

　また、2004年9月、四半世紀ぶりの大改正と言われた独占禁止法改正論議のさなか、日建連、土工協、建築業協会の三団体による「公共工事調達制度のあり方に関する提言」が公表されました。制裁の強化により不正行為を抑止しようとする独占禁止法改正の流れに対して、この提言では、顧客である国民に信頼される公共調達システムの確立を目指し、公共工事の特質に適合した競争環境を整備することにより、不正行為の可能性を排除するとともに、民間の技術力やノウハウを最大限に活かす仕組みとして、総合評価方式の改善や改革等の具体的提案の他、予定価格制度の見直し等法整備を含めた制度見直しの提案を行い、入り口論としての入札契約制度そのものの不備の是正、問題点の解決を訴えました。

　しかし、2006年の土工協提言は、それまでの建設業団体の提言等では、踏み込んでいなかった調査・計画・設計段階における建設業者による非公式な技術協力等の不透明な部分にも言及し、改革姿勢と制度的改善の意向を明確に示したことでは、建設業史上画期的な

内容の提言であると思います。

(2) 談合構造解消対策研究会報告書

　上記土工協の提言とほぼ同時期の2006年4月、桐蔭横浜大学コンプライアンス研究センター主催の談合構造解消対策研究会報告書が発表されました。この報告書は、談合問題を単に制裁・処罰の対象としてその抑止・再発防止を図るというアプローチだけで問題の根本的な解決はできるのか、談合問題を旧来の日本の経済社会全体、公共調達をめぐる制度的枠組みの中で生じた「構造」として捉えるべきではないかという問題意識から、談合問題の沿革と現状を分析し、日本の公共調達制度における構造問題を諸外国の制度との比較も踏まえて論じています。そして談合に対する制裁・処罰のあり方も含め、談合構造の解消のための具体的施策の提言を行っています。この研究会は競争政策に造詣の深い第一線の研究者や実務家で構成され、日本経済の発展過程における建設業の役割と問題点をよく踏まえた議論がなされ、上記土工協の提言とともに、談合問題の本質的議論の指針となっています。

## 3　低価格入札問題

　2006年1月の改正独占禁止法施行に伴って急増したのが公共工事における低価格入札事例です。国土交通省の2005年度直轄工事で低入札価格調査制度の対象となった案件（港湾、空港工事を除く）は、2004年度の約2倍の928件となり、全発注工事に占める割合も従来4％台が最大であったものが8％台となりました。

　低入札価格調査制度とは、1961年会計法の一部改正により導入されたもので、国の発注機関の工事への入札参加者が予定価格を大きく下回って入札した場合、その金額で契約の内容の履行が可能かどうか調査する制度であり、調査基準価格は、契約ごとに予定価格の85％〜2／3の範囲で発注者が定めます。地方自治体では地方自治法施行令に

基づき、一定の価格以下での入札を一律無効とする最低制限価格制度を採用している例が多い中で、都道府県や政令指定都市では多くが低入札価格調査制度と併用しています。

　従来の低入札価格調査は、価格と積算内訳の根拠、手持ち工事の状況等の聞き取り調査が主体でしたが、国土交通省は、直轄工事で予定価格を大幅に下回る入札が増加している事態に対応するために低価格入札業者を重点調査する方針を明らかにし、2006年4月各地方整備局長宛に、予定価格2億円以上の低入札価格調査対象工事で義務付けられていた監理技術者の増員を「過去2年間70点未満の工事成績評定を通知された企業」にまで引き上げ、WTO政府調達協定対象の前工事が低入札価格調査の対象となった場合はその単価を後工事の随意契約の積算に利用する等の追加対策を通知しました。

　そして、低価格で落札された場合は、入札による下請け業者へのしわ寄せ、あるいは品質の低下等への対策として、低価格で落札した業者に対し、下請け業者への適正な支払い確認のため、立ち入り調査を強化したり、工事現場にモニターカメラを設置したり、出来高管理をビデオで撮影し、提出させる等の措置をとりました。

　また各地方整備局、北海道開発局、沖縄総合事務局では、国土交通省の対策を最低条件として低価格落札者が工事成績など一定条件を満たさない場合は後の入札参加を認めない、あるいは、総合評価方式を活用するなどの独自の対策を打ち出しました。

　これらの対策を施行したにもかかわらず低価格入札が後を絶たないため、国土交通省は2006年12月さらに厳しい対策として緊急公共工事品質確保対策を立て、施工体制確認型総合評価方式[1]や特別重点調査[2]などを実施しています。

　一方、公正取引委員会は、公共建設工事において発注者による低入

---

＊1) 総合評価方式の加算点部分に技術評価点とは別枠で施工体制確認評価点を設定し、基準額を下回る応札者は場合によって得点を得られない仕組み。

札価格調査件数が増加している状況に対し、独占禁止法上の不当廉売規制の観点から対処するため国土交通省・農林水産省及び、各都道府県・各政令指定都市の発注者に対し、低入札価格調査制度に基づく調査対象となった公共建設工事（2005年4月1日から2006年9月30日までの発注物件）に関する情報提供を依頼し、その情報に基づき、地域における有力事業者、低価格入札により複数の物件を受注している事業者等に受注物件の損益状況等の報告を求め、落札価格が実行予算上の工事原価を下回るかどうか、その程度、落札率の低さ、低入札価格による落札の頻度・規模等々を考慮し、関係事業者の事情聴取等を行いました。その結果、2007年6月26日に5社に対して、それぞれ独占禁止法19条の規定に違反するおそれがあるとものとして、警告を行い、合わせて独占禁止法43条に基づき、それを公表しました。

　本件で留意すべき点は、公正取引委員会が2004年9月15日付「公共建設工事における不当廉売の考え方」で明らかにしている不当廉売の2つの要件である「正当な理由がないのに商品又は役務をその供給に要する費用を著しく下回る対価で継続して供給し、その他不当に商品又は役務を低い対価で供給すること」（価格要件）及び「他の事業者の事業活動を困難にさせるおそれ」（影響要件）について、一回限りの低入札価格での落札であっても、不当廉売の規定に違反するおそれがあるとしている点です。

　なお、この警告・公表のあり方については、独占禁止法基本問題懇談会報告書（2007年6月26日公表）では、違反行為の抑止の観点から、今後とも維持することが適当と考えられるが、対象となる事業者の懸念を解消するため、独占禁止法制上、警告の主体、要件、形式、意見聴取等に関する規定を整備し、警告・公表の適正化を図ることが適当

---

＊2）予定価格2億円以上の工事で、入札価格が調査基準額を下回り、かつ積算内訳の各費目が発注者側の積算額の一定割合を下回った応札者に、コスト低減の裏付け書類を決められた様式で7日以内に提出させるもの。

であるとしています。

## 4 建設業における法令違反事例のパターン

　国土交通省ホームページの「建設業者の不正行為等に関する情報交換コラボレーションシステム」[*3)]によると、2006年1月から2007年6月までの監督処分に係る不正行為の中で、一番多いのは建設業法関連です。その内容は、経営事項審査の虚偽申請、建設業の許可・更新に係る虚偽申請、主任技術者等配置義務違反、一括下請負禁止違反、施工体制台帳・施工体系図不作成等、無許可業者等との下請契約や政令で定める金額以上の下請契約、建設業許可・更新要件違反、その他です。次いで多いのは、独占禁止法違反事件であり、刑法違反の競売入札妨害罪・談合罪と合わせると建設業法関連件数を上回ります。刑法違反事件はその他に賄賂罪等があります。その他の法令違反では、廃棄物処理法違反が多く、労働安全衛生法違反、税法違反等です。

　なお、建設業者の不正行為等に対する監督処分の基準（2006年1月4日付国総建第282号）及び工事請負契約に係る指名停止等の措置要領（2005年9月28日付国地契第54号）においては、それぞれ次表のように分類されています。

　このように、建設業者の法令違反ないし不正行為のパターンは、独禁法の入札談合（罪）、刑法の競売入札妨害罪・談合罪の入札に係るものが圧倒的に多く、賄賂罪、経営事項審査や建設業許可の虚偽申請等を含めるとコンプライアンス問題の大半は受注段階にあると言えます。慢性的に供給過剰の状態にある建設業界では、仕事の獲得にしのぎを削る結果、そこに不正行為が入り込む隙があるように思われます。

---

[*3)] 国土交通省が関係機関との協力のもと、建設業者に対する監督処分情報をインターネットにより公表しているもの。過去2年間に許可行政庁から出された許可の取り消し又は営業停止の処分を受けた建設業者の名称、処分理由、処分内容などが掲載されています。

| 監督処分の基準 | 指名停止等の措置要領 |
| --- | --- |
| 談合・贈賄等（刑法違反（競売入札妨害罪、談合罪、贈賄罪、詐欺罪）、補助金等適正化法違反、独占禁止法違反） | 贈賄 |
| | 独占禁止法違反行為 |
| | 競売入札妨害又は談合 |
| | 重大な独占禁止法違反行為 |
| 事故（公衆危害、工事関係者事故） | 安全管理措置の不適切により生じた公衆損害事故・工事関係者事故 |
| 請負契約に関する不誠実な行為（競争参加資格確認申請書等の虚偽申請、一括下請負、主任技術者等の不設置等、粗雑工事等による重大な瑕疵、施工体制台帳等の不作成、無許可業者等との下請契約） | 虚偽記載 |
| | 過失による粗雑工事 |
| | 契約違反 |
| | 建設業法違反行為 |
| | 不正又は不誠実な行為 |
| 施工等に関する法令違反（建築基準法違反等、廃棄物処理法違反等、労働基準法違反等、特定商取引に関する法律違反等） | 代表役員等が禁錮以上の刑の犯罪容疑で公訴提起され、又は禁錮以上の刑や刑法による罰金刑を宣告され、契約の相手方として不適当なとき |
| 役員等による信用失墜行為等（法人税法、消費税法等の税法違反、暴力団員による不当な行為の防止等に関する法律違反[*4]） | |

　施工段階においては、一括下請負禁止等の建設業法違反、粗雑工事、廃棄物処理法違反等と発注者や社会の信頼・期待を損なうものが多く、それが企業として利潤追求の目的で行われるとしたら、それは健全性確保の理念を忘れた企業経営であり、技術と経営に優れた企業が生き残る施策を進める国の基本方針からは外れ、企業としての持続的成長は危うくなると思われます。

　ところで、このような典型的で基本的なコンプライアンス問題の他

---

[*4] 国土交通省は、公共工事への暴力団不当介入抑止を目的として、各地方整備局発注工事で受注企業が暴力団員などから不当介入を受けた場合は、警察への通報と捜査への必要な協力、かつ同通報内容の発注者への報告について受注企業に義務付けました。義務違反に対しては指名停止等の措置がなされます。

に、社会経済の変化、産業技術の発展、事業活動の範囲の広がり等とともに新たなコンプライアンスリスクが生じている分野があります。例えば、知的財産権や情報の保全・活用、環境関連法、それにグローバル化に伴う国際関連法の分野です。

　建設業におけるコンプライアンス問題では、まずこのような歴史的・類型的な法令違反行為を把握し、かつ事業活動に関する新たなコンプライアンスリスクを確認して、何がどのように規制されていて、違反行為にはどのような制裁・措置が科されるのか、また、なぜこのような法規制等があるのか、法の趣旨・目的・社会の価値観との関係性を正しく理解することが重要であると考えます。

　そのような趣旨で、以下の各論において建設業や建設事業に関連する個別の法令を取り上げます。

〔島本　幸一郎〕

# 第2編 各 論

# 第1章●独占禁止法

## 1　建設業と独占禁止法

### (1)　歴史
#### ①　独占禁止法制定後〜昭和57年

建設業と独占禁止法を執行する公正取引委員会とは長年にわたり、受注調整（入札談合）をめぐり鋭い緊急・対立関係にあったといえます。もっとも、独占禁止法が制定された昭和22年当時から建設業の入札談合に同法が適用されてきたかといいますと、必ずしもそうではありません。むしろ、後述する課徴金制度が導入された昭和52年改正までの30年間に、公正取引委員会が摘発した入札談合事件は僅かに9件で、この中には建築業・土木業など建設工事に関する入札談合は含まれていません。建設工事の入札談合に独占禁止法が初めて適用されたのは昭和54年の熊本県道路舗装協会事件でした。そして、いわゆるゼネコンが関与した入札談合に独占禁止法が適用されたのは、昭和57年の静岡建設業協会事件（「静岡事件」）でした。

#### ②　昭和57年〜平成2年（日米構造協議）

静岡事件当時、入札談合は日本社会の慣行とまで認識されていた面があり、共倒れを防止するために、また手抜き工事を防ぐために必要であるとする風潮がありました。このため、公正取引委員会の入札談合摘発の動きに対し、建設業界は強く反発し、政治家も巻き込んだ議論の結果、昭和59年には「公共工事に係わる建設業における事業者団体の諸活動に関する独占禁止法上の指針」が公表されました。この指針は、入札談合につながり得るような情報交換等を是認するとも読めるもので、この後は、平成4年の埼玉土曜会事件までは、昭和63年の米軍工事

安全技術会事件を除いては入札談合が摘発されることはありませんでした。
③　平成2年〜平成13年

　独占禁止法の歴史の中で大きな転換点となったのが、平成2年に行われた日米構造協議です。この協議の最終報告では独占禁止法の運用強化が示され、その後は、埼玉土曜会事件をはじめとして、川崎市所在の建設業者、山梨県建設業協会、宇都宮建設業協会、郡山建設業協会などによる入札談合が摘発され、埼玉土曜会事件等の例外を除き，地方ゼネコン業者による入札談合の摘発が平成13年ころまで続きました。この間、わが国では、入札談合なるものは、本来、競争を目的として行われる入札においては許されるべきものではなく、むしろ税金の無駄遣いであり、社会悪であるとの印象・認識が徐々に広がっていったといえます。なお、日米構造協議最終報告を受けて公正取引委員会は刑事告発基準（38頁）も設けましたが、この間は、建設業の入札談合事件に刑事告発がなされることはありませんでした。

④　平成13年以降

　平成13年6月には、小泉内閣の閣議決定「今後の経済財政運営及び経済社会の機構改革に関する基本方針」において、規制撤廃と競争原理・自己責任に基礎をおく社会構造への転換が示されるに至り、競争原理を維持促進する独占禁止法の役割が一段と重要視されるようになってきます。

　そして、建設業との関係では、大手ゼネコンを含む平成13年の多摩事件、平成15年の新潟事件、平成17年の防衛施設庁事件などが摘発され、後者の二事件は、独占禁止法とは別に刑法上の偽計入札妨害罪や談合罪により関係者（個人）が起訴される事態となりました。さらに、平成19年には名古屋市地下鉄事件により、大手ゼネコンが独占禁止法違反により初めて刑事告発されるに至りました。

⑤ まとめ

　これまでの建設業と独占禁止法の歴史からも明らかなとおり、時代が下がるにつれ、独占禁止法は積極的に建設業に適用されています。すなわち、かつては、社会的な慣行として刑罰をもって臨むほどの悪質な行為とは捉えられてこなかった入札談合は、現在では、「犯罪」として捉える風潮が生じています。ここでは紙幅の都合から独占禁止法による摘発だけを記述していますが、橋梁談合事件（平成17年）以後は、福島県・和歌山県・宮崎県における入札談合がたて続けに刑法上の談合罪で摘発されるなど検察・警察による入札談合の摘発も積極化していることからも、入札談合を犯罪とみなす傾向は強くなってきているといえます。

　したがって、「談合は必要悪」という考え方は完全に払拭する必要があります。

(2) 入札談合に対するペナルティ

　入札談合は、独占禁止法違反の行為類型の中でも下表にあるとおり、もっともペナルティの重いものです。以下、入札談合に対するペナルティを、①会社、②個人、③取締役等に分けて説明します。

| 行為類型＼ペナルティ | 入札談合 | カルテル | 支配型私的独占 | 排除型私的独占 | 不公正な取引方法 |
|---|---|---|---|---|---|
| 課徴金 | ◎ | ◎ | ◎ | × | × |
| 刑事罰(法人・個人) | ○ | ○ | △ | △ | × |
| 損害賠償請求 | ◎ | ○ | ○ | ○ | ○ |
| 指名停止 | ◎ | ◎ | ○ | ○ | ○ |
| 営業停止(建設業法) | ◎ | ― | ― | ― | ― |
| 補助金支給停止 | ◎ | ◎ | ― | ― | ― |
| 株主代表訴訟 | ○ | ○ | ○ | ○ | ○ |

凡例：◎不可避（課徴金適用対象行為）、○ケースバイケース、△条文あるが適用例なし、×条文なし、―不明（平成19年12月現在）

独占禁止法　37

① 会社（事業者）に対するペナルティ
　(i) 課徴金

　　　違反行為期間中の受注金額(最長3年間)

　　　　　　　　　　×

　　　　10％（大企業）・4％（中小企業）

　　なお、課徴金納付命令を受けてから10年以内に公正取引委員会の立入検査を受けた場合には、算定率は大企業15％、中小企業6％となります。

　(ii) 刑事罰

　　違反行為者（個人）に加え、違反行為者が所属する法人に対し、5億円以下の罰金が科されます。なお、公正取引委員会は、以下の刑事告発基準を設けています。すなわち、

　　・カルテル、入札談合、共同ボイコットなどの違反行為であって国民生活に広範囲な影響を及ぼすと考えられる悪質かつ重大な事案、
　　・違反を反復して行っている事業者、排除措置に従わない事業者など、公正取引委員会の行う行政処分によっては独占禁止法の目的が達成できないと考えられる事案、

　　については積極的に刑事処罰を求めて告発を行うとしています。

　　過去に入札談合事件で刑事告発された事案は以下のとおりです。

| 事件名 | 会社に対する罰金額 | 判決日 |
| --- | --- | --- |
| 社会保険庁発注<br>目隠しシール入札談合 | 各400万円 | H5.12.14 |
| 日本下水道事業団発注<br>大型電気設備工事入札談合 | 4,000万～6,000万円 | H8.5.31 |
| （第一次）東京都発注<br>水道メーター入札談合 | 500万～900万円 | H9.12.24 |

| 防衛庁発注石油製品入札談合 | 300万〜8,000万円 | H16.3.24 |
| (第二次) 東京都発注水道メーター入札談合 | 2,000万〜3,000万円 | H16.5.21 |
| 国交省／JH発注鋼橋工事入札談合 | 1億6,000万〜6億4,000万円 | H18.11.10（併合罪処理） |
| 汚泥・し尿処理施設入札談合 | 7,000万〜2億2,000万円 | H19.3.21〜5.17 |
| 名古屋市地下鉄工事談合 | 1億〜2億円 | H19.10.15 |
| 緑資源機構発注調査測量設計業務談合 | 4,000万〜9,000万円 | H19.11.1 |

(iii) 損害賠償（違約金条項）

平成15年5月15日付「工事における違約金に関する特約条項の制定について」（国交省通達）に基づき、国・地方公共団体及び特殊法人との契約において、発注契約に関し課徴金納付命令が確定した場合（及び不正談合罪・入札妨害罪が確定した場合）には、一定の比率（発注機関により異なり請負代金の10〜20％）により計算される違約金を支払う特約が規定されています。

(iv) 指名停止

独占禁止法違反が公取委により認定されると、違反行為の対象となった商品・役務だけでなく、会社単位で国・自治体より指名停止されます。

期間は、発注機関により異なりますが、近年は長期化してきており、宮城県等は原則1年としています。国土交通省も、近時、指名停止期間を最長36ヶ月に変更しました。

(v) 営業停止

建設業の許可を受けている事業者は、入札談合等を行った場合、最高1年間の営業停止処分を国土交通省により命じられます。従前の実務では、刑事事件で有罪にならない場合には、営業停止期間は、原則15日間ですが、この期間中は一切

独占禁止法　39

の営業活動（契約締結及びその準備行為を含む）が禁止されます。禁止される営業活動の工種（公共工事及び補助金付き民間工事のみ）・業種（違反行為の対象業種のみ）の範囲は限定されることがありますが、近時の国土交通省のルール改正によりかつて付されていた地域限定はなくなり全国規模での営業停止が行われることになります。

 (vi) 補助金支給停止

  経済産業省・独立法人エネルギー・産業技術総合開発機構（通称 NEDO）は、入札談合を行った企業に対して補助金交付の停止措置をとる内規を有しています。

 (vii) 排除措置命令—社会的非難

  独占禁止法の主眼は、違反行為を排除（除去）することにあります。そこで、独占禁止法は、違反行為が認められる場合、公正取引委員会は「違反する行為を排除するために必要な措置を命ずることができる」（7条1項）と定めています。

  措置の内容は、談合等の違反行為の破棄確認・周知徹底、破棄確認の取引先への通知、再発防止措置（競争業者との情報交換の禁止・独占禁止法の研修会実施・違反部署の定期的監査の実施・違反した担当者の配置転換など）ですが、排除措置命令が発出されると、公正取引委員会のホームページに掲載され、新聞でも報道されることになりますので、会社の社会的信用・イメージを大きく損ないます。特に、入札談合は最近では犯罪として認識されつつあることは前述したとおりです。加えて、会社のトップの名誉にも傷がつき、叙勲にも影響があります。

② 関与者個人に対するペナルティ

 （i）刑事罰

  カルテル・入札談合などの不当な取引制限に関する罪の罰則は、3年以下の懲役又は500万円以下の罰金となっていま

す。先例については下表参照。

| 事件名 | 担当者個人の宣告刑 | 判決日・備考 |
|---|---|---|
| 日本下水道事業団発注<br>大型電気設備工事入札談合 | 懲役10月<br>（執行猶予2年） | H8.5.31 |
| （第一次）東京都発注<br>水道メーター入札談合 | 懲役6月〜9月<br>（執行猶予2年） | H9.12.24 |
| 防衛庁発注石油製品入札談合 | 懲役6月〜1年6月<br>（執行猶予2年〜3年） | H16.3.24 |
| （第二次）東京都発注<br>水道メーター入札談合 | 懲役1年〜1年2月<br>（執行猶予3年） | H16.5.21 |
| 国交省／JH発注鋼橋工事入札談合 | 懲役1年〜懲役2年6月<br>（執行猶予3年〜4年） | H18.11.10<br>（併合罪処理） |
| 汚泥し尿処理施設入札談合 | 罰金140万円〜170万円<br>懲役1年4月〜2年6月<br>（執行猶予3年〜4年） | H19.3.21〜5.17<br>1名贈賄罪併合 |
| 名古屋市発注地下鉄工事 | 懲役1年6月〜3年<br>（執行猶予3年〜5年） | H19.10.15<br>（一部併合罪処理） |
| 緑資源機構発注<br>調査測量設計業務入札談合 | 発注者側：懲役2年<br>（執行猶予4年）<br>受注者側：懲役6月〜8月<br>（執行猶予2年〜4年） | H19.11.1 |

　いずれの事件でも執行猶予となっており、実刑（施設収容）には至っていませんが、独占禁止法違反による刑事告発の場合には、(ア)逮捕勾留といった身柄拘束を伴い、(イ)この間、家族との面会も禁止され、(ウ)逮捕と同時に、個人の家宅捜索が行われ、(エ)新聞では実名報道がなされるのが一般的です。特に、(ウ)(エ)は家族に対して大変大きな心の傷を残します。そして、(オ)起訴後は保釈を認めてもらうためには、保釈金を調達しなければならず、(カ)裁判では弁護士費用も負担しなければなりません。

　したがって、結果は執行猶予であっても、判決に至るまで

独占禁止法

のプロセスは極めて過酷なものといえます。
  (ⅱ) 会社内の懲戒処分
    上記①でみたとおり、入札談合によって会社が被るペナルティ・損害は甚大なものです。このような損害を会社に負わせてしまった以上、違反行為に関与した個人に対しても、それ相応の懲戒処分が行われることは避けられません。
    具体的な懲戒処分は、各社の就業規則及び具体的に被った損害の内容によって異なりますが、最も厳しい場合には懲戒解雇、そこまでいかないとしても、降格、減給、出勤停止という処分は十分に考えられます。
③ 取締役等に対するペナルティ
  (ⅰ) 刑事罰
    (ア) 三罰規定
      会社の代表者がカルテル等の事実を知っていたにもかかわらず、それを防止する措置を講じなかった場合には、500万円以下の罰金が科されます。
      これまでこの三罰規定が発動された前例はありませんが、近時では、名古屋市発注地下鉄工事事件で、入札談合との訣別を決定した平成17年末以後も名古屋地区では談合が継続し、そのことをある大手ゼネコンの副社長は知りながら放置したのではないかということで三罰規定の発動が取り沙汰されました。
    (イ) 共謀共同正犯論
      共謀共同正犯論とは、複数の者が犯罪を共謀し、その一部の者が犯罪を実行した場合に、実行行為を分担しない者も正犯として処罰する理論のことで、判例が一貫して採用している立場です。近時では、橋梁談合事件において、発注者である日本道路公団の高官が談合の事実を知りながら容認していたとして、共謀共同正犯論により逮捕・起訴さ

れています。共謀共同正犯論によれば、カルテル・入札談合の事実を知り、その実行を容認するなどしてカルテル・入札談合への加担が認められる場合には、代表者のみならず、取締役、執行役員、さらには違反行為関与者個人の上司も責任を問われる可能性があります。

(ⅱ) 株主代表訴訟

違法行為に関与した場合は当然、そうでなくとも、コンプライアンス体制構築不備により違反を防止できなかった場合や部下に対する監督上の過失がある場合には、取締役が会社に対して負う善管注意義務に違反したことにより損害賠償責任が生じ得ます。

過去に、独占禁止法違反との関係で株主代表訴訟が提起された事例としては下表に記載した事件があります。

| 事件名 | 損害賠償請求額 | 経過・結果 |
| --- | --- | --- |
| A社（長崎県港湾工事談合事件）<br>被告：代表者ら6名<br>原告：株主オンブズマン等 | ・課徴金4,090万円<br>・政治献金 | 平成15年8月14日提起 |
| B社（下水道事業団談合事件）<br>被告：会長・社長・副社長<br>原告：株主オンブズマン | ・課徴金1億7,029万円<br>・刑事罰金 6,000万円 | 平成10年3月31日提起<br>平成11年12月21日和解<br>・被告会長は社会的責任を潔く自覚する。<br>・社長は会社の信用を毀損した社会的責任を認める。<br>・副社長は、談合を察知して阻止すべきであったのに不注意にもこれを看過した法的責任を認め1億円の支払義務を認める。 |
| C社（埼玉土曜会事件）<br>被告：会長・副社長等の取締役及び元取締役 | ・課徴金1,902万円<br>・指名停止により生じた損害金1億円 | 平成6年6月28日提起<br>平成11年1月27日和解<br>和解金2,000万円 |

| 原告：株主オンブズマン | |

(3) 課徴金減免制度（リーニエンシー制度）
　① 制度導入の趣旨
　　　改正独占禁止法では、課徴金の算定料率はかつての６％から10％に引き上げられました。しかしながら、いくら課徴金制度の制裁としての機能を高めても、カルテル・入札談合を実際に摘発しなければ課徴金を賦課しようがありません。また、カルテル・入札談合は密室における競争事業者間の合意であり、もともと発見・解明が困難であるうえ、課徴金の算定料率の引上げによってますます密行化する可能性もあります。

　　　そこで、改正独占禁止法は、違反事実を自ら報告してきた事業者に対して課徴金を減額ないし免除（減免）することにより、カルテル・入札談合の摘発、事案の真相究明、違法状態の解消及び違反行為の予防を図る課徴金減免制度（リーニエンシー制度）を導入しました。算定料率が引き上げられた課徴金について減免を受けられる利益は違反事業者としては小さくないことからすると、違反事業者が違反事実を公正取引委員会に報告するインセンティブが与えられ、実際に報告されれば、
　(i) カルテル・入札談合の摘発率は上昇することになり、
　(ii) 違反事業者が自ら報告することから公正取引委員会として証拠収集が容易となり、
独占禁止法の効率的執行に大きく寄与することになります。

　② 制度内容
　　　改正法において導入された課徴金減免制度の内容は、
　(i) カルテルや入札談合などの不当な取引制限の禁止規定に違反した事業者が、
　(ii) 単独で自らの違反行為に係る事実の報告及び資料の提出を公正取引委員会に行った場合、

(ⅲ) 調査開始前の申請については、調査開始日以後に違反行為をしていないことを前提に、1番目の事業者であれば課徴金額を全額免除、2番目であれば50％減額、3番目であれば30％減額し、
(ⅳ) 調査開始後の申請であっても、報告・資料提出の日以後に違反行為をしていないことを前提に、調査開始前の申請者が3事業者に満たない場合には、満たない数だけの事業者について30％の減額を認める、
というものです。

| 申請者 | | 減免率（係数） | 対象事業者数 |
|---|---|---|---|
| 調査開始前 | 1番目申請者 | 100%（0） | 合計3社 |
| | 2番目申請者 | 50%（0.5） | |
| | 3番目申請者 | 30%（0.7） | |
| 調査開始後の申請者 | | | |

　ただし、上記②の(ⅰ)(ⅱ)(ⅲ)又は(ⅰ)(ⅱ)(ⅳ)を満たす事業者であっても、(ア)報告又は提出資料に虚偽が含まれていた場合、(イ)公正取引委員会から求められた追加の報告又は資料を提出しなかった場合や(ウ)他の事業者に対し違反行為を強要し、又は他の事業者が違反行為を中止することを妨害していた場合には、減免制度の適用対象にはならないとされています。
③　刑事告発等他のペナルティとの関係
　(ⅰ)　刑事告発
　　　調査開始前の1番目の申請者（事業者）に対しては、公正取引委員会は刑事告発を行わない方針を明らかにしています。2番目、3番目の申請者については、公正取引委員会の調査への協力の度合い等を総合的に考慮して、告発するか否かを判断するというケース・バイ・ケースの対応を採ること

としています。
　(ⅱ)　損害賠償
　　　カルテル・入札談合により生じた損害に対する賠償請求については、被害者が判断することであって、課徴金減免申請が行われたことから損害賠償責任が減免されるものではありません。
　(ⅲ)　指名停止
　　　指名停止についても、発注者が判断するものであって、課徴金減免申請が行われたことから直ちに指名停止に影響を与えるものではありません。ただし、国土交通省が策定した指名停止措置要領運用基準7—四によりますと、課徴金減免制度が適用され、その事実が公表された事業者に対する指名停止期間は通常の半分になるとされています。

## 2　入札談合と独占禁止法

### (1)　入札談合と不当な取引制限

　独占禁止法3条では、競争業者が価格や生産数量などの競争手段について相互に意思を通じ合ってその内容を決定し、競争を制限する行為を「不当な取引制限」として禁止しています。このような競争手段ないし取引条件に関する競争業者間の意思連絡又は合意は、一般には「カルテル」とも呼ばれているもので、競争の本質を否定する悪質な行為とされています。

　入札談合とは、競争入札によって建設工事等の受注者を決定する際に、入札前に「受注予定者」を入札参加者間で決めてしまうことを意味します。入札という制度は、他の入札参加者がいくらの札値を出してくるか分からない中で入札参加者を競わせることに意味があります。したがって、入札参加者間で、入札前から受注予定者を決定してしまえば、入札方式を採用した意味が全くなくなり、入札

が目指す「競争」が完全に否定されることになります。しかも、受注予定者が確実に受注できるように、受注予定者の札値よりも高い値の札を他の入札参加者が入れることまで合意されることになりますので、価格競争もなくなりますので、「価格カルテル」の一種であるともいえます。

かつては、入札談合は必要悪であるとする擁護論も見られました。すなわち、入札において熾烈な競争が繰り広げられれば採算を度外視した安値受注合戦となり、その結果として建設業者が「共倒れ」になるだけでなく、受注した建設業者もコスト削減の名の下に「手抜き工事」が行われる危険性もあり、発注者にも害が及ぶことから、社会的に相当な受注額について事前に打合せをしておくことにも合理性がある、との主張です。

しかし、採算を度外視した安値受注は、「不当廉売」という別の独占禁止法の規定で規制する方法がありますし、そもそも入札制度の競争という趣旨を骨抜きにして受注金額を高止まりにさせる入札談合は「税金の無駄遣い」であるとともに、本来競争によって淘汰されるべき事業者を温存させるだけだとの批判が強く、競争原理を基調としている今日の日本社会にあってはもはや入札談合擁護論は過去のものになっているといえます。むしろ、今日では、入札談合を「犯罪」として捉える風潮が強くなってきていることは、前項で指摘したとおりです。

### (2) 入札談合を構成する要素

では、具体的にどのようなことをすれば入札談合となってしまうのでしょうか。前項でも解説したとおり、入札談合には独占禁止法だけでなく、さまざまなペナルティが科される大変リスクの高い行為です。したがって、入札談合を構成する要素を把握しておくことは重要なことです。

入札談合は、通常は、①事前の受注予定者の決定と②札値の協力から成り立ちますので、以下この２つについてみていくこと

にします。

(i) 受注予定者の決定

受注予定者の決定については、明確な合意が談合参加者間にある必要はなく、暗黙の了解で足ります。したがって、合意内容が紙に書かれている必要はありません。また、何を基準として受注予定者を決定するかについては、調整役による指示、輪番（順番）制、点数制、仕様折込の努力、地域割り、都度の話し合いなどさまざまなバリエーションがあり得ますが、何らかの基準で受注予定者を決定しているという慣行や仕組みがあり、それが繰返し行われていれば十分です。この受注予定者の決定に関するルールは、「基本合意」とも呼ばれるもので、抽象的・包括的な基本合意の存在をもって不当な取引制限に該当するというのが公正取引委員会の運用です。

(ii) 札値の協力

入札談合の目的は、受注予定者を決定することにあります。しかし、決定された受注予定者が最終的に落札できるには、他の入札参加者から札値で協力を得る必要があります。したがって、入札談合には何らかの形で「札値の協力」というものが存在します。電話による札値の連絡が代表的な方法ですが、予定価格等が事前に公表されている場合に「受注予定者以外の入札参加者は、予定価格の○○％以上で入札する」といった方法も含まれます。

なお、札値協力という事実は、入札談合のもっとも強力な証拠といえます。たとえ個別の受注予定者の決定や決定ルールをよく知らなくとも、札値協力をしていれば立派な入札談合参加者になりますので、安易に他社からの札値協力の応じることは厳に慎まなければなりません。

(3) 情報交換

　では、入札参加者間での情報交換は問題にならないのでしょうか。確かに、不当な取引制限（カルテル）は競争業者間の「合意」を問題にしており、情報交換は合意とは異なります。しかしながら、相互に意思を通じ合う過程を経て合意に達することを考えれば、情報交換は合意の形成過程にある行為ですから、情報交換は合意の存在を立証する極めて重要な状況証拠であるといえます。公共入札ガイドライン（「公共的な入札に係る事業者及び事業者団体の活動に関する独占禁止法上の指針」）でも、「競争業者間の受注意欲・入札価格の情報交換」や「指名回数・受注実績に関する情報の整理・提供」は、原則として独占禁止法違反になるものとして分類されています。実際に、これらの情報を何故に競争業者間で交換するのか、その動機・目的を探求してみれば答えはおのずから明らかであるといえます。

　したがって、競争業者との間で情報交換を行うことについても十分に注意をする必要があります。

(4) **免責事由・正当化事由はない**

　入札談合を正当化する根拠はまず考えられないと理解してください。発注者の意向（いわゆる「天の声」）が明確にあり、本来随意契約で行われるべき契約が入札を通して行われたという場合であっても、入札談合は正当化されません。また、緊急工事など工事への着工が先行し、後追いで入札が実施された場合に、工事に着工した建設業者を受注予定者とするような場合でも、公正取引委員会の実務では入札談合として扱われる可能性が極めて高いといえます。

　したがって、建設業者としては、いついかなる場合も競争入札方式の場合に、受注予定者を決定し、札値の協力を行うことは違法なのだと十分に自覚し、札値は自社独自の判断（独自積算）によって決定することが必要です。

独占禁止法　49

(5) 民間工事

　これまで公正取引委員会によって摘発されてきた入札談合事件のほとんどが公共工事に関するものでした。すなわち、官公庁や特殊法人が発注する建設工事に関する入札談合が問題とされてきました。では、民間企業が発注する建設工事（民間工事）の入札で談合が行われた場合には独占禁止法の適用はないのでしょうか。

　民間工事の入札といえども、継続的に建設工事を発注する民間企業が工事施工業者を競争により決定したいにもかかわらず、入札参加者間で受注予定者を決定してしまうことはやはり競争を制限しているといわざるを得ません。民間工事の場合には、予め発注者の方で意向の工事施工業者が決まっている場合もありますが、その場合でも入札において入札価格を入札参加者間で決定してしまうことは価格カルテルとなります。

　なお、民間工事であっても国・地方公共団体から補助金が支給されるものは、補助金支給の条件として競争入札によることとされているため、入札談合についても公共工事に準じた取扱いになります。

## 3　不公正な取引方法の禁止

(1) 不公正な取引方法とは

　独占禁止法は、「不当な取引制限」のほかに、「不公正な取引方法」も禁止しています。不公正な取引方法とは、独占禁止法所定の行為で「公正な競争を阻害するおそれ」のあるもののうち、公正取引委員会が指定する取引方法を指します。したがって、不公正な取引方法の具体的な内容は、公正取引委員会の告示に書かれており、あらゆる業界に共通して適用される不公正な取引方法の告示として「一般指定」があります。この一般指定には、後記(2)記載の16種類の不公正な取引方法が規定されています。

　これらの不公正な取引方法は、不当な取引制限（カルテル）のよ

うに競争そのものを制限するものではありませんが、不公正（アンフェア）な手段を用いることで、競争を歪めたり、弱めたりするなどして、そのまま放置することで将来的には競争そのものを制限する可能性のある行為であるといえます。

なお、不公正な取引方法は、競争そのものを制限するに至らない行為であることもあり、不当な取引制限のように課徴金を賦課されたり、刑事罰の対象となったりすることはありません（但し、今後の改正により一部の取引方法に課徴金が賦課されることになる可能性はあります）。

(2) **不公正な取引方法の類型**
　① 共同の取引拒絶
　② その他の取引拒絶
　③ 差別対価
　④ 取引条件等の差別的取扱い
　⑤ 事業者団体における差別的取扱い等
　⑥ 不当廉売
　⑦ 不当高価購入
　⑧ 欺瞞的顧客誘引
　⑨ 不当な利益による顧客誘引
　⑩ 抱き合わせ販売
　⑪ 排他条件付き取引
　⑫ 再販売価格の拘束
　⑬ 拘束条件付き取引
　⑭ 優越的地位の濫用
　⑮ 競争者に対する取引妨害
　⑯ 競争会社に対する内部干渉

(3) **建設業と不公正な取引方法**
　このうち、建設業との関係で問題となる可能性があるは、⑭の優越的地位の濫用、⑥の不当廉売、③の差別対価、①②の取引拒絶で

あると思われます。
　(i)　優越的地位の濫用
　　　取引上の優越した地位を利用して、正常な商慣習に照らして不当に、取引の相手方に対して押し付け販売をしたり、さまざまな不利益を課したり、不利な取引条件を課すことが「優越的地位の濫用」に当たります。

　　　いわゆるゼネコンは、元請として下請建設業者に対して取引上大変強い立場に立ちます。また、大量の資材を購入することから、資材メーカーに対しても取引上強い立場にあります。こうした取引上の強い立場を利用して、例えば自社が手がけたマンションの分譲を押し付けたり、ゴルフ場の会員を押し付けたりすることは「優越的地位の濫用」に該当します。また、69～82頁でも解説のあったとおり、「建設業の下請取引に関する不公正な取引方法の認定基準」（建設業認定基準）によれば、下請代金の支払を不当に引き延ばしたり、発注後に不当に減額したりすることは禁じられています。

　　　建設業認定基準に該当しない行為であっても、「優越的地位の濫用」に当たる行為は存在し得ます。その際、一体何が「正常な商慣習に照らして不当」なことなのかを考える必要がありますが、この点は「取引相手が自社との取引に従属している点につけこんでいるが故に自社の要求に応じている」といえるのかどうか、別言すれば、相手方が自社以外に有力の取引先があったならば応じていないような要求をしているかどうか、を考えるようにするべきです。

　(ii)　不当廉売（ダンピング受注）
　　　不当廉売とは、①正当な理由がないのに商品又は役務をその供給に要する費用を著しく下回る対価で継続して供給し、又は②その他不当に商品又は役務を低い対価で供給し、①②の結果、③他の事業者の事業活動を困難にさせるおそれがあることを指

します。

　本来、競争者よりも安い価格を提示することは価格競争そのものであって、競争政策の観点から奨励されることはあっても非難されることはないはずです。しかし、資本体力にものを言わせて安値を出し、その結果、極端な原価割れで販売したり、受注したりすることはもはや正常な競争ではありませんし、競争業者の市場からの排除を目的とした行為であり、独占禁止法上も保護に値しないといえます。

　建設工事との関係で、①の「役務の供給に要する費用」をどう解釈するかについては、公正取引委員会は、「工事原価（直接工事費＋共通仮設費＋現場管理費）＋一般管理費」としており、「役務の供給に要する費用を著しく下回る対価」とは、落札価格が実行予算上の「工事原価」を下回るかどうかが一つの基準となるとしています。もっとも、①では「継続」性を要件としているところ、単品受注産業である建設業界では、通常の商品販売と異なり、必ずしも廉価受注が継続されるとは限らないため、①型の不当廉売は建設工事のダンピング受注には馴染まない面があります。他方、②型の不当廉売は、継続性が要件とされていないので、建設工事のダンピング受注はこちらの不当廉売に該当するおそれがあります。

　また、上記③については、安値応札を行っている事業者の市場における地位、安値応札の頻度、安値の程度、波及性、安値応札によって影響を受ける事業者の規模等を個別に考慮して判断するとしています。

　公正取引委員会は、平成16年4月、同年9月及び平成19年6月に建設業者に対して不当廉売の警告を行ったことがあります。

(iii)　差別対価

　発注者によって受注価格に差があったり、下請先によって下

請代金に差があっても、受注条件や技術力あるいはサービス力など、その差に合理的な理由があれば、「不当な」差別には該当しません。

しかし、自社の競争業者と取引があるからとか、受注調整（入札談合）に非協力的だからとかいった独占禁止法上正当ではない理由で差別を行う場合には、不当な差別対価となります。

(ⅳ) 取引拒絶

事業者には「取引先選択の自由」がありますので、誰と取引をするのか、また誰とは取引をしないのか（取引拒絶）の選択権があります。

しかしながら、共同の取引拒絶（共同ボイコット）は原則として違法となります。すなわち、競争業者が共同して、ある事業者との取引を拒絶したり、取引先に圧力をかけて特定の事業者との取引を拒絶させることは、ターゲットとされている事業者を市場から排除する効果が強いうえに、共同で取引を拒絶している事業者らも互いに相手方の取引自由を拘束していることから、「取引先選択の自由」により正当化される範囲を逸脱しているといえます。なお、共同ボイコットは、「不公正な取引方法」とされるだけでなく、場合によっては「不当な取引制限」に該当するとされており、課徴金や刑事罰の対象とされる可能性もありますので、十分に注意する必要があります。

また、単独で取引を拒絶している場合であっても、自社の競争業者と取引をしていることを理由にしている場合には、不当な取引拒絶とされることがあります。

〔多田　敏明〕

# 第2章 建設業法・下請法

　前述の「建設業者の不正行為等に関する情報交換コラボレーションシステム」において、入札談合とともに多い法令違反事件は建設業法に関するものです。

　建設業の許可や経営事項審査に係る虚偽申請、主任技術者等の配置義務違反、一括下請負禁止違反、施工体制台帳・施工体系図不作成、無許可業者との下請契約等そもそも建設業法の目的からすれば自ずと分かる違反行為ばかりです[1]。

　以下では、まず建設業法の目的について触れ、それぞれの規制について、どのような行為が違反となり、どのようなペナルティが科されるのか、またそれらの規定の趣旨等について記します。

　さらに、下請代金の支払遅延等を防止することにより下請取引の公正化を図ろうとする下請法について、近年サービス取引の公正化を図るため改正された内容を含めて、その概要を記します。


## 1　建設業法の目的

　建設業法は、建設業を営む者の資質の向上、建設工事請負契約の適正化等を図ることにより、建設工事の適正な施工を確保し、発注者の保護と建設業の健全な発達を促進することを目的としています（同法1条）。

　古来建設業は国の経済や社会生活の基盤をつくる産業として重要な

---

[1]　国土交通省では建設業者の違法行為を従来以上に厳しく監視する体制として、2007年4月1日から、本省に建設業法令順守推進室を北海道開発局・沖縄総合事務局を含む全地方整備局に建設業法令順守推進本部を立ち上げています。

役割を果たしてきました。特に明治以降の近代国家建設において社会資本整備の担い手として経済発展の基礎を築いてきましたが、建設業者の社会的地位は今一つ低く、建設業を掌る行政専門組織も建設業を育成し健全な発達を促す法律もありませんでした。第二次世界大戦直後は、戦災復興工事等に伴う一時的な建設需要のもとで乱立した建設業者の中には信用力・施工能力に劣る者もあり、前渡金着服、不良工事等の横行等、建設業界全体に対する信頼低下という状況にありました。そのような中で昭和23年建設院から建設省への昇格とともに建設業法の立法化が本格的に進められ、昭和24年に制定公布されるに至りました。この法律は、取締法規ですが、建設業者側からの永年の要望である「片務性の是正」が、同法18条の建設工事の請負契約の原則において「おのおの対等な立場における合意に基づいて公正な契約を締結し」として規定されています。

　このような背景のもと制定された建設業法は、「建設工事の適正な施工の確保」、それによる「発注者の保護」、「建設業の健全な発展」ですが、究極には国民の身体・生命・財産の保護に重大な関係を持ち、経済の発展及び社会生活の向上に密接な関連を有する社会資本がより正しく安全かつ経済的に建設され公共の福祉の増進に寄与することが目的です。以下の建設業法の諸規制はいずれもこの目的に収斂します。

## 2　一括下請負の禁止

### (1)　規制の内容

　建設業法は、建設業者が請け負った工事をその方法の如何を問わず、一括して他人に請け負わせ、また、他から請け負うことを原則として禁止しています（同法22条3項）。例外は、あらかじめ発注者（最初の注文者）の書面による承諾[2]があった民間工事[3]の場合です。下請負人が孫請負人に一括下請負させる場合も同様に、発

注者からの書面による承諾を受ける必要があります。注意すべき点は、この例外の場合でも、元請負人の監理技術者及び下請負人の主任技術者の設置義務は免除されてはいないことです。

なお、公共工事については、「公共工事の入札及び契約の適正化の促進に関する法律」(以下「公共工事入札契約適正化法」)に基づき、一括下請負は全面的に禁止されています (同法12条)。

一括下請負が禁止される理由は、発注者の与り知らないところで一括下請負等をさせることは請負者を信頼して注文した発注者に対する背信行為であり、また一括下請負は中間搾取を生みやすく、手抜き工事を誘発し、結果的に不良・不適格業者の跋扈を助長するおそれがあるからです。この規定の趣旨からすると2006年12月に改正された一定の民間工事における一括下請負全面禁止も理解しやすいと思われます。

(2) 一括下請負に該当する場合

工事のすべてを下請させる場合のほか、次の場合も、元請負人がその下請契約の施工に「実質的に関与」していると認められるときを除き、一括下請負とされます[*4]。

① 請け負った建設工事の主たる部分を一括して他の業者に請け負わせる場合 (例えば、電気配線改修工事において、電気工事のすべてを1社に下請負させ、改修工事に伴う内装仕上工事の

---

[*2] 発注者が工事発注において、あらかじめ下請負者を指定する場合、又は建築工事と設備工事を分離発注するところを建築工事の請負者に設備工事を含む工事全体の統括管理を任せる場合等に結ばれる発注者・元請負者・下請負者間において、発注者・元請負者・下請負者それぞれの役割、責任を定める契約 (コストオン協定) の場合も発注者の承諾に該当します。

[*3] 2006年12月20日公布の改正建設業法 (施行日は公布日から2年以内) により、共同住宅等の多数の者が利用する施設又は工作物に関する重要な建設工事で政令で定めるものについては全面禁止となりました。これは、共同住宅等では、発注者とエンドユーザーが異なるため、発注者の承諾のみによる一括下請負が、結局エンドユーザーの元請業者に対する信頼を損なうことになるからです。

[*4] 「一括下請負の禁止について」平成4年12月17日建設省建設経済局長通知 (平成13年3月30日最終改正)

みを元請負人が自ら施工するか他の業者に下請負させる場合、住宅新築工事において、建具工事以外のすべての工事を1社に下請負させ、建具工事のみを元請負人が自ら施工するか他の業者に下請負させる場合等）

② 請け負った建設工事の一部分であって、他の部分から独立してその機能を発揮する工作物の工事を一括して他の業者に請け負わせる場合（例えば、戸建住宅10戸の新築工事を請け負い、そのうちの1戸の工事を1社に下請負させる場合、道路改修工事2kmを請け負い、そのうちの500m分の工事を施工技術上分割しなければならない特段の理由がないにも拘わらず1社に下請負させる場合等）

(3) 元請負人の実質的関与とは

元請負人が自ら総合的に企画、調整及び指導（発注者との協議、住民への説明、官公庁等への届出、近隣工事との調整、施工計画の作成、工程監理及び安全監理、工事目的物・工事仮設物・工事用資材等の品質管理、完成検査、下請負人間の施工の調整、下請負人に対する技術指導、監督等）を行うことをいいます。

また、現場に元請負人との間に直接的かつ恒常的な雇用関係を有する適格な技術者が置かれない場合には、「実質的に関与」しているとはいえないとされています[*5]。

(4) 一括下請負に対する監督処分

建設業者が建設業法22条の一括下請負の禁止規定に違反した場合、その建設業者は原則として、15日以上の営業停止処分となります。ただし、他の建設業者から一括して請け負った建設業者に酌量すべき情状があるとき（元請負人が施工管理等について契約を誠実に履行しない場合等）は、営業停止期間について必要な減軽を行う

---

[*5] 建設業法研究会編著「建設業法解説改訂10版」（大成出版社）181頁

こととされています[*6]。

## 3 経営事項審査の虚偽申請

### (1) 規制の内容

　経営事項審査とは、公共工事を発注者から直接請け負おうとする建設業者が受けなければならない経営に関する客観的事項の審査のことをいいます（建設業法27条の23第1項）。

　建設業法では、建設工事の適正な施工を確保するために、建設業の許可制度を設け、許可にあたっては営業所ごとに専任の技術者の設置や財産的基礎等が審査の対象となります。これらの許可基準は、建設業の営業の開始と継続のために一般的に要求されるものであり、営業のための最低必要条件です。したがって個別の工事の適正な施工を確保するためには各発注者がその工事の規模、要求される技術的水準等に見合う能力を持つ建設業者を選定しなければなりません。

　そのため、国又は地方公共団体では、それぞれ発注機関は、工事の契約の種類ごとに、その金額等に応じ、工事の実績、従業員の数、資本の額その他経営の規模及び経営の状況に関する事項について、一般競争又は指名競争に参加する者に必要な資格を定めなければならないとされ（予算決算会計令72条1項、地方自治法施行令167条の5第1項）、この資格が定められた場合は、定期又は随時に一般競争又は指名競争に参加しようとする者の申請をまって、その者が当該資格を有するかどうかを審査しなければならないとされています。

　この資格審査の対象とする事項には、大きく客観的事項と主観的

---

[*6] 「建設業者の不正行為等に対する監督処分の基準について」（平成14年3月28日付け国土交通省総合政策局通知）（以下、「監督処分基準」）三、2、(2)②

事項の2つがあります。経営の状況、経営の規模、技術的能力等の客観的事項については、どの発注機関が行っても同一の結果となるべきものですから、各々の発注機関が個別に行うよりも、特定の第三者[7]が統一的に一定基準により、審査するのが効率的であるとして、1961年の建設業法改正により「経営事項審査制度」が確立しました。

近時一般競争入札が採用されることが多くなり、指名競争入札を行う場合以上に業者選定の客観性、厳格性が要求されることから、1994年の建設業法改正により、経営事項審査が法律上義務付けられました(同法27条の23第1項)。併せて経営事項審査の申請書類に虚偽の記載があった場合を罰則の対象としました(同法50条1項4号)。

公共工事について、発注者と請負契約が締結できるのは、経営事項審査を受けた後、その申請の直前の営業年度の終了の日(審査基準日)から1年7ヶ月の間に限られる(建設業法施行規則18条の2)ので、公共工事を請負うことができる期間を切れ目なくするためには、毎年定期に経営事項審査を受けることが必要になります。

(2) 経営事項審査制度の仕組み

経営事項審査の項目及び基準は、経営状況、経営規模、技術的能力等の他、中央建設業審議会の意見を聴いて国土交通大臣が定めることとされています(同法23条の23第3項)。

2007年の改正前は、完成工事高($X_1$)、自己資本額及び職員数($X_2$)、経営状況(Y)、技術力(Z)、その他(W)の項目ごとの数値に基づいて評点化し、それを重み付けして合計する仕組みとなっていました。

総合評価値(P) = $0.35X_1 + 0.10X_2 + 0.20Y + 0.20Z + 0.15W$

---

[7] 経営事項審査のうち、経営状況についての評価は、国土交通大臣により登録を受けた機関が、また経営規模、技術的能力その他の経営状況以外の客観的事項についての評価は、許可行政庁である国土交通大臣又は都道府県知事が行います。

|   | ウェイト | 評点幅 | 評価内容 |
|---|---|---|---|
| $X_1$ | 0.35 | 2,616〜580点 | 工事種類ごとに審査基準日の直前2年間又は3年間の年間平均完成工事高を評点テーブルで算出 |
| $X_2$ | 0.1 | 954〜118点 | 自己資本額及び職員数を年間平均完成工事高で割った値を評点テーブルで算出 |
| Y | 0.2 | 1,430〜0点 | 登録した経営状況分析機関が、財務諸表等から、収益性、流動性、安定性、健全性に係る売上高営業利益率等12項目の指標を計算し、評点を算出 |
| Z | 0.2 | 2,402〜590点 | 工事種類ごとに技術職員が保有する資格を数値化し、審査基準日又はその前に審査基準日の数値との平均値を評点テーブルで算出 |
| W | 0.15 | 967〜0点 | 労働福祉の状況、工事の安全成績、営業年数、公認会計士等の数、防災活動への活動の状況の数の各項目について、それぞれの評点テーブルで算出 |

　建設投資の減少による過剰供給構造の深刻化や独禁法等の施行に伴う近時の建設業を取り巻く環境の変化に対応した適切な企業評価を行い、公共調達市場における適正な競争の実現、厳しい環境に対応した企業の経営努力を後押しするために、2007年に次のような見直し（適用は2008年度から）が行われました。

|   | ウェイト | 評点幅 | 評価項目 | 主な改正内容 |
|---|---|---|---|---|
| $X_1$ | 0.25 | 2,200程度〜400程度 | 完成工事高（業種別） | ・評点の上限を2,000億円から1,000億円に引き下げ<br>・小規模業者間で完工高の評点に差がつくように評点テーブルを改正 |
| $X_2$ | 0.15 | 2,200程度〜400程度 | ・自己資本（純資産額）<br>・EBITDA（利払前税引前償却前利益＝営業 | ・自己資本、EBITDAの金額を評価<br>・中小業者の層で極端 |

| | | | 利益と減価償却費の合計) | な差がつかないよう評点テーブルを調整<br>・職員数の評価は廃止 |
|---|---|---|---|---|
| Y | 0.2 | 1,400程度～0点 | 純支払利息比率等、倒産・非倒産を判別するために有効なものを中心に8項目の指標を設定 | ・企業実態を反映した評点分布となるよう評点幅等を見直し<br>・特定の評価項目への偏りを緩和し、デフォルトに関連の深い指標を中心に無評価項目を見直し |
| Z | 0.25 | 2,400程度～400程度 | ・技術職員数(業種別)<br>・元請完工高(業種別) | ・元請のマネジメント能力を評価する観点から新たに元請完工高を評価<br>・技術者の重複カウントは一人当たり2業種までに制限<br>・一定の要件を満たす基幹技能職等優遇評価<br>・評点テーブルを線形式化 |
| W | 0.15 | 1,500程度～0点 | ・労働福祉の状況<br>・建設業の営業年数<br>・防災活動への活動の状況<br>・法令遵守の状況<br>・経理に関する状況<br>・研究開発の状況 | ・評点の上限を引き上げ、それぞれの項目について加点幅、減点幅を拡大<br>・自己申告の評価項目(工事安全成績等)は廃止 |

(3) 経営事項審査の虚偽申請

　国土交通省の「建設業者の不正行為等に関する情報交換コラボレーションシステム」によると、経営事項審査の虚偽申請事件は、施工実績のない工事の請負金額の計上等による完成工事高の水増し、在籍しない技術職員の名簿記載、経営事項審査結果通知書の改

ざん等です。

 経営事項審査の虚偽申請をした者は、6月以下の懲役又は50万円以下の罰金に処せられる（同法50条1項4号）他、企業の役職員がその業務又は財産に関し行った時は、行為者を罰するだけでなく、その企業にも罰金刑が科されます（両罰規定同法53条）。また、建設業者の場合は、建設業法上の監督処分の対象となります。

 営業停止処分や建設業許可の取消処分を行った国土交通大臣、都道府県知事は処分内容を官報、公報で公告しなければなりません（同法29条の5）。

## 4　主任技術者等の配置義務違反

### (1)　工事現場への配置

 建設業許可を受けている建設業者は、建設工事の適正な施工を確保するために、施工に際し、請負代金の大小に関わらず、施工計画の作成、工程管理・品質管理・安全管理その他の工事施工における技術上の管理を行う者として、現場に必ず「主任技術者」を置かなければなりません。発注者から直接工事を請け負い、そのうち3,000万円（建築工事の場合は4,500万円）以上下請契約を締結して工事を施工するときは、主任技術者に代えて「監理技術者」を置かなければなりません。監理技術者は、主任技術者の職務に加え、施工にあたり、下請負人を適切に指導、管理するという総合的な機能を果たす者であり、主任技術者よりも資格要件が厳しくなっています（同法26条）。建築一式又は土木一式の工事業者が一式工事の内容である専門工事を施工する場合等には、監理技術者や主任技術者に加えて「専門技術者」を置かなければなりません。ただ、これができない場合は、当該専門工事の建設業許可を受けた建設業者に施工させなければなりません（同法26条の2）。これらの技術者を置かないと、監督処分、罰則の対象となります（同法28条、47条）。

(2) 技術者の専任性

　公共性のある工作物[*8]に関する重要な工事[*9]については、主任技術者、監理技術者は現場ごとに専任でなければなりません（同法26条3項）。「専任」とは、常時継続的に当該工事の現場に配置されていることで、他の現場との兼任は認められません。専任の技術者を置かなければいけない工事の単位は、基本的に契約ごとであり、「公共性のある工作物に関する重要な工事」に該当する一つの契約に対し、その契約工期の間、主任技術者又は監理技術者を専任で設置しなくてはならないということです。なお、主任技術者については、例外的に「密接な関係」にある2以上の工事を「同一又は近接した場所」で施工する場合に兼任が認められます（同法施行令27条2項）が、監理技術者については他の工事との兼務が認められません[*10]。

(3) 専任の技術者の雇用関係

　建設工事の適正な施工を確保するため、専任の技術者は、その建設業者と「直接的かつ恒常的な雇用関係」にある者であることが必要であるとされています[*11]。出向（転籍を除く）や派遣の者を専任の技術者とすることは、親会社とその連結子会社の間で監理技術者・主任技術者が出向する場合[*12]など一定の特例を除いてできま

---

[*8] 2006年12月公布の改正建設業法により、「公共性のある施設若しくは工作物又は多数の者が利用する施設若しくは工作物」と条文の適正化が図られています。施行日は公布日から2年以内で政令で定める日。

[*9] 工事一件の請負代金の額が2,500万円（建築一式工事の場合は5,000万円）以上のもの

[*10] ただし、例外的に発注者が同一又は別々でも、工期が重複し、かつ各工事の目的物に一体性が見られる複数の工事（当初の請負契約以外の請負契約が随意契約で締結される場合）については、全体を同一の主任技術者又は監理技術者が技術上の管理を行うことが合理的であることから、これらを一の工事とみなして当該技術者が当該工事全体を管理することができると解されています。建設業法研究会編著「建設業法解説改訂10版」（大成出版社）278頁

[*11] 国土交通省 監理技術者資格者証運用マニュアル二―四。建設業法研究会編著「建設業法解説改訂10版」（大成出版社）276頁

せん。

　技術者と所属建設業者の雇用関係を明らかにするため、監理技術者資格者証には所属建設業者名が記載されており、所属建設業者名が変更になった場合は、30日以内に指定資格者証交付機関に記載事項の変更を届け出なければなりません（同法施行規則17条の30第1項、同17条の31第1項）。

(4)　監理技術者資格者証

　特定建設業者が専任の監理技術者を置かなければいけない工事のうち、国、地方公共団体、公共法人などが発注者となる工事[*13]については、その監理技術者は、監理技術者資格者証の交付を受けている者であって国土交通大臣の登録を受けた講習を受講したものの中から選ばなければなりません（同法26条）。しかし、改正建設業法（2006年12月20日公布。施行日は公布日から2年以内の政令で定める日）により、監理技術者等の専任配置を義務付ける建設工事及び監理技術者資格者証の携帯を必要とする建設工事の範囲については、「公共性のある施設若しくは工作物又は多数の者が利用する施設若しくは工作物に関する一定の重要な建設工事」となり、公共工事の他、学校・病院等の民間工事も含むことになりました（242頁参照）。そして、発注者から請求があれば、その監理技術者資格者証を提示しなければなりません（同法26条4項・5項）。

---

[*12)] 平成15年1月22日国総建第335号通達。その他に営業譲渡や会社分割、持株会社化等の場合の特例があります。

[*13)] 建設生産システムに対する国民の信頼を回復するために、2006年12月公布の改正建設業法により、従来公共工事において義務づけられている監理技術者資格者証制度と監理技術者講習制度を公共性のある重要な民間工事にも適用することとされました。つまり、次のいずれをも満たす工事が両制度の対象となります。施行日は公布日から2年以内で政令で定める日。

　　1．監理技術者を設置しなければならない下請金額3,000万円以上（建築一式工事については4,500万円以上）の工事
　　2．監理技術者の専任を要する公共性のある工作物（学校、病院、共同住宅等）で請負金額が2,500万円以上（建築一式工事については5,000万円以上）の工事

建設業法・下請法　　65

これらの公共工事等においては工事の適正な施工をより厳密に確保する必要があり、資格・経験がある技術者の専任を強力に担保でき、さらにそれを発注者の求めに応じて確認できるようにするためです。

(5) 主任技術者等の配置義務違反の罰則等

施工現場に配置すべき主任技術者及び監理技術者を置かなかった場合は、50万円以下の罰金に処せられ（同法52条1号）、また、監督処分の対象となります（同法28条1項）。また、主任技術者及び監理技術者を置いていても施工監理が著しく不適当であり、かつ、その変更が公益上必要であると認められるときは監督処分の対象となります（同法28条1項5号）。

## 5 施工体制台帳・施工体系図の作成

(1) 規制の内容

一般に、建設工事は多様な職種の専門工事の組み合わせで成り立ち、また多層の下請構造をなしています。このような特徴をもつ建設工事の適正な施工を確保するためには、当該工事に関わるすべての建設業を営む者を束ね、適切に監督指導し施工を管理することが必要です。

そこで、建設業法では、特定建設業者が、発注者から直接請け負った建設工事を施工するために締結した下請契約の総額が3,000万円（建築一式工事の場合は4,500万円）以上となる場合、下請、孫請等当該工事に関わるすべての請負人の商号又は名称、工事内容、工期、その他の事項を記載した施工体制台帳を作成し、工事現場ごとに備え置かなければならないとしています（同法24条の7第1項）。これは民間工事、公共工事の別はありません。

また、下請負人に対しては元請の特定建設業者名と再下請負通知[*14)]をしなければならない旨及びその再下請負通知書の提出先を

通知し、かつ工事現場の見やすい所にこれらの事項を記載した書面を掲示しなければなりません（同法施行規則14条の3）。

また、特定建設業者は、発注者から請求があれば施工体制台帳を発注者の閲覧に供しなければなりません（同法24条の7第3項）。

さらに、特定建設業者は、当該建設工事における各下請負人の施工の分担関係を示した施工体系図を作成し、これを当該工事現場の見やすい場所に掲示しなければなりません（同法24条の7第4項）。なお、入札契約適正化法による公共工事については、発注者に施工体系図を含む施工体制台帳の写しを提出するとともに施工体系図は工事関係者が見やすい場所及び公衆が見やすい場所に掲示しなければなりません（同法13条）。

(2) 施工体制台帳・施工体系図の作成義務違反

これらの施工体制台帳の作成・備置、再下請負通知に係る下請負人に対する通知、下請負人等の指導等（同法24条の6）、発注者への閲覧・提出、施工体系図の作成義務に違反すると、監督処分の対象となります（同法28条1項）。

## 6 無許可業者との下請契約、政令で定める金額以上の下請契約、建設業許可・更新要件違反

(1) 建設業の許可

建設業法は、建設業を営む者の資質の向上、建設工事請負契約の適正化等を図ることにより、建設工事の適正な施工を確保し、発注者の保護と建設業の健全な発達を促進することを目的として（同法1条）、施工能力、資力や信用がある者にだけ建設業の営業を認める「許可制度」を採用しています。一定の軽微な工事[*15]を除き、

---

*14) 下請負人は、当該工事をさらに再下請負に出したときは、その再下請の工事の内容、工期等を元請の特定建設業者に通知しなければならず、また、孫請負人に対して、元請の特定建設業者名、再下請負通知をしなければならない旨、再下請負通知書の提出先を通知しなければなりません（同法24条の7第2項）。

建設工事の完成を請け負う請負契約を締結するためにはこの「建設業許可」が必要です。

建設業許可は、建設業の種類（建築工事業、土木工事業等）ごとに、また常時建設工事の請負契約を締結する事務所である「営業所」ごとに受けます。

また許可を行う行政庁による区分として「知事許可」と「大臣許可」があります。つまり、営業所の所在地が、同一都道府県内にあれば「知事」の許可、複数の都道府県にあれば「国土交通大臣」の許可が必要となります。

さらに、一定額以上[16]の工事を下請に出す建設業者は、下請負人保護のために、その要件を厳しくした「特定建設業の許可」が必要となります。一定金額未満の下請工事を出す場合又は自社ですべてを施工する場合は、「一般建設業の許可」となります（同法3条）。

(2) 罰則

このような建設業許可制度において、不正な手段で許可を得たり、必要な許可を得ずに営業を行うと監督処分（取消処分）や罰則[17]の対象となります。

また、建設業者が情を知って建設業許可を受けないで建設業を営む者と下請契約を締結すると、監督処分（原則として7日以上の営業停止処分）の対象となります。建設業者が情を知って、特定建設業者以外の建設業を営む者と特定建設業許可が必要な一定金額以上の下請契約を締結した場合は、当該建設業者と当該特定建設業者以外の建設業を営む者で一般建設業者である者も同様に監督処分（原則として7日以上の営業停止処分）の対象となります（同法28条1項6号・7号、監督処分基準三、2、(2)、6）。

---

[15] 建築工事では、1,500万円未満の工事又は延べ面積150㎡未満の木造住宅工事、その他では、500万円未満の工事

[16] 下請契約の合計額で3,000万円以上、建築一式工事は4,500万円以上

[17] 3年以下の懲役又は300万円以下の罰金（法47条1項3号・1号）

## 7 不公正な取引方法の禁止

(1) 規制の内容

　建設工事を受注した建設業者は、自ら施工する場合の他は下請負に出して工事を完成させます。下請負人を選定し、下請負契約を交わすときは建設業法18条（建設工事の請負契約の原則）及び19条（書面による契約）により、対等な立場での合意に基づいて、公正な契約を書面により締結し、信義に従い誠実にこれを履行しなければなりません。これは請負契約の片務性を是正し、近代的かつ合理的な請負契約関係を確保するために設けられた規定ですが、このような関係にあって初めて建設工事の円滑な施工が図られるという考えによるものです。

　建設業法では、この理念を全うするために、下請契約の締結に際して、次のとおり元請負人[*18]の義務が定められています。そして、これらに違反している事実があり、かつ独占禁止法19条（不公正な取引方法の禁止）に違反していると認められる場合、国土交通大臣又は都道府県知事は公正取引委員会に適当な措置をとるよう求めることができます（建設業法42条）。公正取引委員会が独占禁止法の不公正な取引方法の基準として定めた「建設業の下請取引に関する不公正な取引方法の認定基準」にもこれらの規定と同様のことが規定されており、措置要求を受けて審査し、独占禁止法違反ということであれば、公正取引委員会は、行為の差し止め、契約条項の削除等の排除措置命令を出すことができます（独占禁止法19条）。この措置請求の対象となる違反行為については、措置要求を受けて公正取引委員会が独占禁止法に基づいて具体的な手続を取ることから、

---

[*18] 法文上は、注文者の義務として規定されています。したがって、下請業者が孫請業者に再下請する場合も同様です。

建設業法上の監督処分の対象からは外されています。

なお、下表の①、③及び⑧は発注者・元請負人間の契約の場合も同じです。

| | 項目 | 建設業法 | 独占禁止法 |
|---|---|---|---|
| ① | 不当に低い下請代金の禁止 | 元請負人は下請負人に対して優越的な地位に立つ取引上の地位を不当に利用し、その下請工事に通常必要と認められる原価に満たない額で請け負わせてはならない（同法19条の3）。 | 建設業の下請取引に関する不公正な取引方法の認定基準（以下「認定基準」）6 |
| ② | 不当な下請代金の減額 | （同法19条の3の趣旨と同じ）。 | 正当な理由がないのに、下請契約締結後に下請代金の減額をすることは、不公正な取引方法に当たる。認定基準7 |
| ③ | 不当な使用資材などの購入強制の禁止 | 元請負人は、その取引上の地位を利用して、下請契約締結後に、下請負人が使用する資材、機械器具などやその購入先を指定して、下請負人の利益を害してはならない（同法19条の4）。 | 認定基準8 |
| ④ | 下請代金の支払 | 元請負人が、発注者から出来形部分に対する支払、工事完成後の支払を受けたときは、その支払の対象となった建設工事を施工した下請負人に対して、相応する下請代金を1月以内に、かつできるだけ早く支払わなければならない（同法24条の3第1項）。また、元請負人が発注者から前払金の支払を受けたときは、下請負人に対して、建設工事の着手に必要な費用を前払金として支払うよう適切な配慮をしなければならない（同法24条の3第2項）。 | 認定基準3 |
| ⑤ | 完成検査、引渡し | 元請負人は下請負人から完成通知を受けた日から20日以内に、かつできるだけ早く工事完成検査を完了しなければならない（同 | 認定基準1、2 |

| | | | |
|---|---|---|---|
| | | 法24条の4第1項)。また、元請負人は、完成検査によって建設工事の完成を確認した後は、下請負人が申し出れば直ちに目的物の引渡しを受けなければならない。ただし、契約上の工事完成日よりも実際には早く工事が完成した場合でも、契約上の工事完成日から20日を経過した日以前の一定の日に引渡しをする特約があれば、その特約は有効で、その日に引渡しを受けることになる（同法24条の4第2項）。 | |
| ⑥ | その他の不公正な取引方法 | 建設業法には規定はない。 | 以上の他に、認定基準では、元請負人の次のような行為が不公正な取引方法にあたるとされている。<br>・元請負人が下請負人の工事用資材を有償支給した場合、下請代金の決済より先に、資材の購入代金を支払わせること<br>・下請負人が公正取引委員会などに、元請負人の不公正な取引方法の事実を知らせたことを理由に、下請負人に対し、取引の停止などの不利益な取扱いをして報復措置をとること |
| ⑦ | 下請負人の意見聴取 | 元請負人と下請負人の緊密な連携、協調は、円滑かつ適正な建設工事の施工に不可欠であるため、建設業法では、元請負人が、工事の工程の細目や作業方法などを定めよう | |

| | | | |
|---|---|---|---|
| | | とするときは、あらかじめ、下請負人の意見を聞かなければならないこととされている（同法24条の2）。 | |
| ⑧ | その他の義務 | その他、注文者の義務として、見積期間の設定（同法20条3項）、監督員の選任などの通知（同法19条の2第2項）の義務がある。 | |
| | 以下は、元請負人が特定建設業者の場合 | | |
| ⑨ | 下請代金の支払期日 | ・下請代金の支払期日は、工事完成検査完了後、下請負人からの工事目的物の引渡の申出の日から50日以内で、かつできるだけ早い日にしなければならない（引渡の申出の日から50日より後に支払期日を定めても、50日目が支払期日）。<br>・引渡日を契約上の完成日から20日以内の日に決めていた場合には、その日から50日以内で、かつできるだけ早い日を支払期日として定めなければならない。<br>・下請代金の支払期日を定めていなかったときは、引渡の申出の日が支払期日とみなされる。<br>（同法24条の5第1項・2項） | 認定基準4 |
| ⑩ | 下請代金の支払方法 | 下請代金の支払を一般の金融機関による割引を受けることが困難な手形で行ってはならない（同法24条の5第3項）。<br>⑨⑩については下請負人が特定建設業者である場合及び資本金が4,000万円以上の会社である場合には適用がない。 | 認定基準5 |
| ⑪ | 下請負人の指導 | 当該建設工事に参加しているすべての下請負人が、その建設工事の施工に関して、建設業法や労働基準法、建築基準法、労働安全衛生法等の一定の法令の規定に違反しないよう指導に努めなければならない（同法24条の6第1項）。<br>違反行為があれば、その是正を求め、是正しない場合は、国土交通大臣、又は都道府県知事等に通報しなければならない（同法 | |

24条の6)。
この通報を怠ると、監督処分の対象となる(同法24条の6、28条)。

## 8　建設業法令遵守ガイドラインの概要

　国土交通省は2007年7月、不当に低い請負代金、指値発注、赤伝処理等の不適正な元請下請関係について、これまで通達等でどのような行為類型が法令に違反するかが示されていないために違法の認識のないまま法令違反行為が繰り返されている可能性があるとして、下請契約についても元請契約同様、建設業法に従うべきことやその違反行為事例を具体的に示すことにより、法律の不知による法令違反行為を防止し、元請負人と下請負人との対等な関係の構築及び公正で透明な取引の実現を図ることを目的として「建設業法令遵守ガイドライン」を策定し公表しました。

　このガイドラインでは、建設業の下請取引に係る次の10項目について、建設業法上違反となるおそれがある行為事例及び違反となる行為事例を挙げて解説しています。

① 　見積条件の提示
② 　書面による契約締結(②-1　当初契約、②-2　追加・変更契約)
③ 　不当に低い請負代金
④ 　指値発注
⑤ 　不当な使用材料等の購入強制
⑥ 　やり直し工事
⑦ 　赤伝処理
⑧ 　支払い保留
⑨ 　長期手形
⑩ 　帳簿の備付け及び保存

その他に、関連法令の解説として次の内容を掲載しています。
⑪-1　独占禁止法との関係について（建設業の下請取引に関する建設業法との関係）
⑪-2　社会保険・労働保険について（社会保険等の強制加入方式）

| | 項目（条文） | 違反となるおそれがある行為事例 | 違反となる行為事例 |
|---|---|---|---|
| 1 | 見積条件の提示（同法20条3項） | ① 元請負人が不明確な工事内容の指示等、曖昧な見積条件により下請負人に見積を行わせた場合<br>② 元請負人が下請負人から工事内容等の見積条件に関する質問を受けた際、元請負人が未回答あるいは曖昧な回答をした場合 | 元請負人が予定価格が700万円の下請契約を締結する際、見積期間を3日として下請負人に見積を行わせた場合 |
| 2 | 書面による契約締結 | | |
| 2-1 | 当初契約（同法18条、19条1項、19条の3） | | ① 下請工事に関し、書面による契約を行わなかった場合<br>② 下請工事に関し、法19条1項の必要記載事項を満たさない契約書面を交付した場合<br>③ 元請負人の指示に従い下請負人が書面による請負契約の締結前に工事に着手し、工事の施工途中又は工事終了後に契約書面を相互に交付した場合 |
| 2-2 | 追加・変更契約（同法19条2項、19条の3） | | ① 下請工事に関し追加工事又は変更工事が発生したが、元請負人が、書面による変更契約を行わなかった場合<br>② 下請工事に係る追加工事等に関し、工事に着手した後又は工事が終了した後に書面により契約変更を行った場合<br>③ 下請負人に対して追加工事等の施工の指示をした元請負人が発注者との契約変更手続きが未了であることを理由に下請契約の変更に応 |

| | | | じなかった場合 |
|---|---|---|---|
| 3 | 不当に低い請負代金（同法19条の3） | ① 元請負人が自らの予算額のみを基準として、下請負人との協議を行うことなく、下請負人による見積額を大幅に下回る額で下請契約を締結した場合<br>② 元請負人が契約を締結しない場合には今後の取引において不利な取扱いをする可能性がある旨を示唆して下請負人との従来の取引価格を大幅に下回る額で下請契約を締結した場合<br>③ 元請負人が下請代金の増額に応じることなく、下請負人に対し追加工事を施工させた場合<br>④ 元請負人が契約後に、取り決めた代金を一方的に減額した場合 | |
| 4 | 指値発注（同法18条、19条1項、19条の3、20条3項） | ① 元請負人が自らの予算額のみを基準として下請負人との協議を行うことなく、一方的に下請代金額を決定し、その額で下請契約を締結した場合<br>② 元請負人が合理的根拠がないのにも関わらず、下請負人による見積り額を著しく下回る額で下請代金額を一方的に決定し、その額で下請契約を締結した場合 | ① 元請下請間で請負代金額に関する合意が得られていない段階で下請負人に工事を着手させ、工事の施工途中又は工事終了後に元請負人が下請負人との協議に応じることなく下請代金額を一方的に決定しその額で下請契約を締結した場合<br>② 元請負人が下請負人が見積りを行うための期間を設けることなく、自らの予算額を下請負人に提示し下請契約締結の判断をその場で行わせ、その額で下請契約を締結した場合 |
| 5 | 不当な使用材料等の購入強制（同法19条の4） | ① 下請契約の締結後に元請負人が下請負人に対して下請工事に使用す | |

| | | | |
|---|---|---|---|
| | | る資材又は機械器具等を指定、あるいはその購入先を指定した結果、下請負人は予定していた購入価格より高い価格で資材等を購入することとなった場合<br>② 下請契約の締結後元請負人が指定した資材等を購入させたことにより、下請負人が既に購入していた資材等を返却せざるを得なくなり、金額面及び信用面における損害を受け、その結果、従来から継続的取引関係にあった販売店との取引関係が悪化した場合 | |
| 6 | やり直し工事（同法18条、19条2項、19条の3） | 元請負人が、元請負人と下請負人の責任及び費用負担を明確にしないままやり直し工事を下請負人に行わせ、その費用を一方的に下請負人に負担させた場合 | |
| 7 | 赤伝処理（同法18条、19条1項、19条の3、20条3項） | ① 元請負人が下請負人と合意することなく、下請工事の施工に伴い副次的に発生した建設廃棄物の処理費用、下請代金を下請負人の銀行口座へ振り込む際の手数料等を下請負人に負担させ、下請代金から差し引く場合<br>② 元請負人が建設廃棄物の発生がない下請工事の下請負人から、建設廃棄物の処理費用との名目で一定額を下請代金から差し引く場合<br>③ 元請負人が元請負人の販売促進名目の協力費等、差し引く根拠が不明確な費用を下請代金から差し引く場合 | |

| | | | |
|---|---|---|---|
| | | ④ 元請負人が工事のため自らが確保した駐車場、宿舎を下請負人に使用させる場合に、その使用料として実際にかかる費用より過大な金額を差し引く場合<br>⑤ 元請負人が元請負人と下請負人の責任及び費用負担を明確にしないままやり直し工事を別の専門工事業者に行わせ、その費用を一方的に下請代金から減額することにより下請負人に負担させた場合 | |
| 8 | 支払い保留（同法24条の3、24条の5） | ① 下請契約に基づく工事目的物が完成し、元請負人の検査及び元請負人への引渡し終了後、元請負人が下請負人に対し、長期間にわたり保留金として下請代金の一部を支払わない場合<br>② 建設工事の前工程である基礎工事、土工事、鉄筋工事等について、それぞれの工事が完成し、元請負人の検査及び引渡しを終了したが、元請負人が下請負人に対し、工事全体が終了（発注者への完成引渡しが終了）するまでの長期間にわたり保留金として下請代金の一部を支払わない場合<br>③ 工事全体が終了したにもかかわらず、元請負人が他の工事現場まで保留金を持ち越した場合 | |
| 9 | 長期手形（同法24の5第3項） | 特定建設業者である元請負人が、手形期間が120日を超える手形により下請代金の支払いを行った場合 | |

建設業法・下請法　77

| 10 | 帳簿の備付け及び保存（同法40条の3） | | ① 建設業を営む営業所に帳簿及び添付書類が備付けられていなかった場合<br>② 帳簿及び添付書類は備付けられていたが、5年間保存されていなかった場合 |

## 9　下請代金支払遅延等防止法（下請法）

### (1)　法の趣旨

　下請法は、下請代金の支払遅延等を防止することによって、下請取引の公正化を図り、下請事業者の利益を擁護し、国民経済の健全な発展に寄与することを目的としています。従来は、製造業を中心とした下請取引（製造委託、修理委託）が対象でしたが、近年のわが国経済のサービス化、ソフト化の進展に対応して、サービス取引の公正化を図るため、2003年6月改正により（2004年4月施行）、「情報成果物作成委託」、「役務提供委託」「金型の製造委託」が新しく法の対象となりました。建設業関連においては、建築設計業、測量業、地質調査業、建設コンサルタント業、運送業等のサービス業が適用対象となります。

| 改正前 | 改正後 |
| --- | --- |
| a．物品の製造に係る下請取引<br>b．物品の修理に係る下請取引 | a．物品の製造に係る下請取引<br>b．物品の修理に係る下請取引<br>c．情報成果物の作成に係る下請取引[19]<br>d．役務の提供に係る下請取引[20]<br>e．金型の製造に係る下請取引 |

### (2)　規制の内容

　親事業者と下請事業者の定義は次のようになっています（同法2条7項）。

(ⅰ) 物品の製造・修理委託及び情報成果物作成委託・役務提供委託（プログラムの作成、運送、物品の倉庫における保管及び情報処理に係るもの）の場合

| 親事業者 | 下請事業者 |
| --- | --- |
| 資本金3億円超 | 資本金3億円以下（個人を含む） |
| 資本金1千万円超3億円以下 | 資本金1千万円以下（個人を含む） |

(ⅱ) 情報成果物作成委託・役務提供委託（プログラムの作成、運送、物品の倉庫における保管及び情報処理に係るものを除く）の場合

| 親事業者 | 下請事業者 |
| --- | --- |
| 資本金5千万円超 | 資本金5千万円以下（個人を含む） |
| 資本金1千万円超5千万円以下 | 資本金1千万円以下（個人を含む） |

---

*19) 情報成果物の作成に係る下請取引については次の3類型があります。
　(ⅰ) 情報成果物を業として（反復継続して）提供している事業者がその情報成果物の作成行為の全部又は一部を他の事業者に委託する場合
　（例：不動産会社が販売用住宅の建設にあたり、当該住宅の設計図の作成を設計会社に委託すること等）
　(ⅱ) 情報成果物の作成を業として請け負う事業者が、情報成果物の作成行為の全部又は一部を他の事業者に委託する場合
　（例：建築設計会社が施主から作成を請負う建築設計図面の作成を他の建築設計業者に委託すること等）
　(ⅲ) 自らが使用する情報成果物の作成を業として行っている場合に、その作成行為の全部又は一部を他の事業者に委託する場合
　（例：ソフトウェア開発会社が自ら使用する会計用ソフトウェアの一部を他のソフトウェア開発業者に委託すること等）
*20) 役務の提供に係る下請取引は、役務の提供を業として行う事業者が、その役務提供行為の全部又は一部を他の事業者に委託する場合の1類型です。
　（例：ビルメンテナンス業者が、ビル所有者から請け負うメンテナンス業務をビルメンテナンス業者に委託すること等）

(ⅲ) 親事業者の義務

| | 項目 | 義務の内容 | 措置・罰則等 |
|---|---|---|---|
| ① | 書面の交付（下請法3条） | 親事業者は、発注後直ちに給付の内容、給付を受領する期日等を記載した書面（注文書）を下請事業者に交付しなければならない。 | (1) 報告・立入検査（同法9条）公正取引委員会は、親事業者または下請事業者に対し下請取引に関する報告をさせ、又は立入検査を行うことができる。また中小企業庁長官・親事業者又は下請事業者の事業を所管する主務大臣においても下請事業者利益保護の観点から、公正取引委員会と同様、報告の徴求又は立入検査を行うことができる。(2) 中小企業庁長官による措置請求（同法6条）中小企業庁長官は、親事業者に違反行為があると認めるときは、公正取引委員会に対し下請法に従った適切な措置をとるよう請求することができる。(3) 勧告（同法7条）公正取引委員会は、違反事業者に対し原状回復措置に加え再発防止措置等の必要な措置をとるべきこ |
| ② | 下請代金の支払期日（同法2条の2） | 親事業者は、下請事業者の給付を受領した日（役務提供委託の場合は下請事業者が役務の提供をした日）から60日以内のできる限り短い期間内に下請代金の支払期日を定めなければならない。支払期日を定めなかった場合は受領の日が支払期日とみなされ、60日を超えて支払い期日を定めている場合は受領日から60日を経過した日の前日が支払期日とみなされる。 | |
| ③ | 遅延利息の支払（同法4条の2） | 親事業者は、下請代金を支払期日までに支払わなかった場合は、下請事業者より給付を受領した日から起算して60日を経過した日から実際の支払日までの期間について、年率14.6%の遅延利息を支払わなければならない。 | |
| ④ | 書類の作成・保存（同法5条） | 親事業者は下請事業者に対して製造委託等をした場合は給付の内容、下請代金の額等を記載等した書類等を作成し、2年間保存しなければならない。 | |
| 以下、親事業者の禁止事項（同法4条） | | | |
| ① | 受領拒否の禁止 | 下請事業者の給付に瑕疵がある等の下請事業者の責に帰すべき理由がないのに、下請事業者の給付の受領を拒むことはできない。 | |
| ② | 下請代金の支払遅延の禁止 | 下請代金を支払い期日の経過後なお支払わないことは禁止される。 | |
| ③ | 不当な下請代金の減額の禁止 | 下請事業者の責に帰すべき理由がないのに、下請代金の額を減ずることはできない。 | |

| | | |
|---|---|---|
| ④ | 不当な返品の禁止 | 給付に瑕疵があるとき等下請事業者の責に帰すべき理由がないのに下請事業者の給付を受領した後、下請事業者にその給付に係る物を引き取らせることはできない。 |
| ⑤ | 買い叩きの禁止 | 下請事業者の給付の内容と同種又は類似の内容の給付に対し通常支払われる対価に比べ著しく低い下請代金の額を不当に定めることはできない。 |
| ⑥ | 物の強制購入、役務の利用強制の禁止 | 正当な理由なく自社製品、手持余剰材料その他自己の指定する物を強制して購入させ、又は役務を強制して利用させることはできない。 |
| ⑦ | 報復措置の禁止 | 親事業者に親事業者の下請法違反行為について、公正取引委員会等に知らせたことを理由として、取引の数量を減じたり、取引を停止する等の不利益な取り扱いをすることはできない。 |
| ⑧ | 有償支給原材料等の対価の早期決済の禁止 | 下請事業者に有償で支給した原材料等の対価を、下請事業者への代金の支払期日より前に支払わせたり、控除することはできない。 |
| ⑨ | 割引困難な手形の交付の禁止 | 一般の金融機関で割り引けないような手形、担保が必要であったり、過大な割引料をとられるような手形を交付することはできない。 |
| ⑩ | 不当な経済上の利益を提供させることの禁止 | 下請事業者から名目のいかんを問わず、自己のために金銭、役務等の経済上の利益を提供させることにより、下請事業者の利益を不当に害してはいけない。 |
| ⑪ | 不当な給付内容の変更・やり直しの禁止 | 下請事業者の責に帰すべき理由がないのに、下請事業者の給付の内容を変更させ、又は給付の受領後に給付をやり直させることはできない。 |

とを勧告することができ、また違反事業者が勧告に従うかどうかに拘わらず、必要に応じ勧告の内容を公表することができる。

(4) 独占禁止法の適用（下請法8条）
親事業者が同法7条の勧告に従ったときは、独占禁止法の規定は適用されない。従わないときは、不公正な取引方法として独占禁止法に基づく措置が取られることになる。

(5) 罰則（下請法10条乃至12条）
2003年改正により、書面の交付義務（同法3条）及び書類等の作成・保存義務（同法5条）に係る違反並びに報告・検査を拒否等した場合（同法9条）の罰金額が、3万円以下から50万円以下に引き上げられた。
また、これらの違反行為については、行為者を罰するほか、その法人に対しても罰則を課す両罰規定が置かれている。

建設業法・下請法　81

(iv) 建設業法、独占禁止法、下請法との適用関係

　建設業の下請取引において、元請負者がその優越的な地位を利用して下請負者等に対して、その不利益になるような行為を行うことは、不公正な取引方法として、独占禁止法、建設業法又は下請法の規制に抵触します。

　同じ役務提供型の下請取引であっても、建設業を営む者が業として請け負う建設工事は下請法の対象とはならず、建設業法の適用となります。建設業法では、下請契約の締結に際して、下請法と類似した元請負人の義務が定められています。これらに違反し、かつ独占禁止法19条（不公正な取引方法の禁止）に違反していると認められる場合、国土交通大臣又は都道府県知事が公正取引委員会に措置請求をすることができます（建設業法42条）。この措置請求の対象となる違反行為については、建設業法上の監督処分の対象からは外されています。措置要求を受けて公正取引委員会が独占禁止法に従って具体的な手続を取るからです。

　下請法と独占禁止法は、下請法が独占禁止法の特別法という関係です。製造委託等の下請取引は下請法の適用対象であり、親事業者による不公正な下請取引の禁止事項違反については、公正取引委員会が下請法（同法8条では独占禁止法）に基づく措置を取ることになります。

　要するに、建設業においては、建設工事に関係する下請取引については、建設業法及び独占禁止法の適用対象となり、建設工事以外の製造委託等については、下請法と独占禁止法の適用対象となります。

〔島本　幸一郎〕

# 第3章●建設業と刑法犯罪

## 1　賄賂罪（贈賄罪）

### (1)　賄賂罪（贈賄罪）とは

　賄賂罪とは、公務員が自己の職務行為に関する不正な報酬として利益を受け取り（収賄罪）、また公務員に対してその職務行為に関して報酬を与えること（贈賄罪）を指します。

　このような賄賂罪が処罰の対象となるのは、公務員の職務執行の公正を保持するとともに、職務の公正に対する社会の信頼を確保するためです。公務員に対してその職務に関して金銭を含めた利益を与えてもよい（また公務員も受け取ってよい）ということになれば、公務員に対する「買収」が横行し、社会さらには国民の公務の公正性・中立性に対する信頼は大きく揺らぐことになります。そこで、公務員の職務行為が公正であることについて社会の信頼を保護するために賄賂罪が設けられているわけです。

　他方、企業が事業活動を行うにあたって、国家機関や地方公共団体等（公的機関）から許認可が必要になったり、公的機関の物品・サービスの調達（公共調達）にあたり調達したい商品・役務のニーズ等についての調査が必要であったりする関係で、企業の役員・従業員が公務員と接する機会は決して少なくありません。その結果、自己の事業活動を有利に又は円滑に進めたいとの思いから、事業活動について一定の権限や裁量を有している公務員に対して何らかの便宜を図ったり、接待や贈答をしたりすることによってよい印象をもってもらい、さらには自社を有利に取り扱ってもらうなどの「見返り」を求めることになる可能性は否定できません。

　また、後に検討するように、社交的儀礼という名目で接待や贈答が行われる場合であっても、「賄賂」（職務行為に関する不正な報

酬）であるかどうかは、利益を与える側の主観だけによって判断されるものではなく、受け取る相手や四囲の状況から客観的に判断されることになるため、贈賄と疑われるような結果にもなりかねません。

　したがって、事業活動と関係のある職務を担当する公務員との接触がある場合には、行き過ぎた対応をしないよう十分に注意する必要があります。

(2) 　贈賄罪の構成要件

　贈賄罪は、「収賄罪（刑法197条から197条の4まで）が規定する賄賂」を、①供与し、又は②その申込み若しくは③約束をした場合に成立します。

　したがって、「収賄罪」の具体的な内容と「賄賂」の意味を理解する必要があります。

① 　収賄罪の内容

　　下記の表にみるとおり、収賄罪にはいくつもの類型があります。

　　(ⅰ)基本型は、公務員が自らの職務行為に関して賄賂を収受・要求・約束する（収賄する）場合ですが、(ｱ)単に収賄だけにとどまる場合（単純収賄罪）、(ｲ)請託（職務に関し一定の行為を行うことの依頼）を受ける場合（受託収賄罪）、さらには(ｳ)不正な行為をし、又は相当の行為をしなかった場合

| 与える側 | 賄賂を受け取る側（収受・要求・約束） | | | |
|---|---|---|---|---|
| | 収賄罪の類型 | | 請託（の要否） | 不正行為（の要否） |
| **贈賄罪**（収賄罪の全類型との関係で賄賂の供与・申込・約束すれば成立） | 基本型（**単純収賄罪**） | | **受託収賄罪** | **加重収賄罪** |
| | 修正型 | 事前収賄罪 | ○（必要） | ×（不要） |
| | | 事後収賄罪 | ○（必要） | ○（必要） |
| | | 第三者供賄罪 | ○（必要） | ×（不要） |
| | | 斡旋収賄罪 | ○（必要） | ○（不正行為の斡旋） |

84

(加重収賄罪）によって刑罰の内容が異なっています。これに対し、贈賄罪は、(ア)〜(ウ)のいずれの類型についても成立しますし、刑罰の内容も変わりません。したがって、単純収賄罪、すなわち、贈賄側が請託を行わなくとも、また相手の公務員が不正行為を行わなくとも、賄賂を供与・申込み・約束してしまえば、贈賄罪は成立しますので、「賄賂」の意味を十分に理解しておくことが重要です。

　次に、(ⅱ)公務員になろうとする者が請託を受けて収賄すれば事前収賄罪が成立しますので、公務員になろうとする者に請託をして賄賂を供与、申込み又は約束すれば贈賄罪が成立します。したがって、公務員ではなくとも公務員になる可能性があると判断される者に、将来の職務行為に関して利益を与えてしまえば、後にその者が公務員になった場合には贈賄罪が成立することになりますので注意が必要です。

　さらに、(ⅲ)公務員であった者が在職中に請託を受けて不正な行為を行ったことに関して収賄した場合には、事後収賄罪が成立しますので、在職中に請託を行い不正行為をしてもらった礼として公務員をやめた後に利益を供与・申込み・約束するようなことがあれば、この場合もまた贈賄罪が成立することになります。

　加えて、(ⅳ)請託をした公務員以外の第三者が収賄を行う場合（第三者供賄罪）や(ⅴ)利益を与える公務員の職務に関してではなく、別の公務員への不正行為の「口利き」（あっせん）の報酬として賄賂を収受する場合（斡旋収賄罪）も賄賂罪となりますので、利益を与える側も、公務員以外の第三者への利益供与であるから問題がないということにはなりませんし、利益供与をする公務員の職務以外のことで他の公務員への「口利き」に対する報酬であるからといって贈賄罪を免れるわけではありません。

建設業と刑法犯罪　　85

以上のとおり、刑法が種々の収賄罪の類型を用意して可能な限り公務の公正とそれに対する社会の信頼を保護しようとしていることに呼応して、様々な類型の贈賄もまた贈賄罪として処罰されることになります。
② 「職務に関し」
　（ⅰ）職務権限
　　賄賂は、「職務に関し」て供与・申込み・約束される必要があります。そして、ここにいう「職務」とは、法令上公務員の一般的職務権限に属する行為であれば十分で、内部的な事務配分によって個別具体的な職務権限を有していない場合であっても問題ありません。
　（ⅱ）職務密接関連行為
　　さらには、一般的職務権限に属さない行為であったとしても、その職務に密接に関連する行為であれば、「職務に関し」に該当するというのが現在の判例です。
③ 賄賂
　　賄賂は、公務員の職務に関する不正の報酬としての利益です。この利益の典型例は金銭ですが、この他、有形無形を問わず、人の需要や欲望を満たすに足る一切の利益を意味します。具体的には、債務の弁済（金融の便宜）、飲食物の接待・供応、就職のあっせん、建物の無償貸与、異性間の情交などが挙げられます。

(3) 具体例
　過去に、公共工事との関係で問題になった贈賄罪では、①指名競争入札の入札参加者の選定について便宜な取り計らいを受けること、②設計金額・予定価格を教えてもらうこと、③工事の下請承諾について有利かつ便宜な取り計らいを受けること、④設計変更・工事の施工監督・工事成績の評定にあたり有利かつ便宜な取り計らいを受けること、の見返りとして賄賂を提供した事例などがありま

す。
(4) 社交的儀礼と贈賄罪

いわゆる社交的儀礼と呼ばれる接待や贈答は、負担する金額が僅少であったり、敬慕の念や季節のご挨拶といった趣旨で行われることから、贈賄罪に該当しないといわれています。しかしながら、どこまでが正当な社会的儀礼で、どこからが違法な賄賂罪であるのかという線引きは、個別の事例に応じて、公務員と贈与者との関係、職務と儀礼との関連性、社会的地位、財産的価値などを総合的に考慮して判断されるものであるため、一般的な基準があるとはいえません。したがって、金額の多寡は一つの判断要素ではありますが、決定的なものとまではいえませんので、「社交的儀礼であれば問題ない」と安易に考えて中元・歳暮等の贈答を行うことは厳に慎まなければなりません。

(5) 公務員による恐喝と贈賄罪

例えば「賄賂をよこさなければ事業に必要な許認可を与えない」とか、「金品をわたさなければ競争入札の指名において不利に扱う」などと脅されて、賄賂を供与した場合にも贈賄罪が成立するのかという問題がありますが、判例は贈賄罪の成立を認めています[*1]。この結論に対しては、官公庁を取引先として事業活動を行っている人の中には違和感を覚える人もいるかもしれませんが、逆にいうと、判例は、それだけ公務の公正及びそれに対する社会一般の信頼を重要なものとして捉えているのです。単に脅されたからといってそれに屈して賄賂を提供することは許されない、という贈賄罪に対して極めて厳しい態度を取っていることを如実に物語る一例といえます。したがって、公務員から脅された場合には、直ちに上司に相談し、必要あらば警察に連絡して相談する必要があります。そのような対応をすると今後の取引関係や事業活動に影響を与えるとして、

---

[*1] 最高裁昭39.12.8決定（刑集18巻10号952頁）

脅しに屈することのないようにしなければなりません。

(6) みなし公務員

　贈賄罪の相手方は「公務員」ですが、刑法でいう「公務員」とは、①国家公務員、地方公務員及び②法令により公務に従事する議員、委員、その他の職員を意味します（刑法7条）。

　ただし、ここにいう「公務員」には該当しなくとも、実質的には公務員に準ずる性格を有する者として法令により特に公務員とみなされる、いわゆる「みなし公務員」に対する贈賄行為もまた同様に罰せられることになりますので、注意が必要です。

　みなし公務員の例は枚挙に暇がないですが、類型としては①国又は地方公共団体の職員、②法令により公務に従事する議員、委員その他の職員、③罰則の適用については法令により公務に従事する役職員とみなされる者（例：各種公団の役職員、日本銀行の役職員など）、④特別法により贈収賄罪が規定されている法人の役職員（例：市街地再開発組合役職員〔都市再開発法142条〕、土地区画整理組合役職員〔土地区画整理法138条〕、破産管財人等〔破産法274条〕、NTT/東西NTT役職員〔日本電信電話株式会社等に関する法律21条〕、JR北海道・四国・九州・貨物役職員〔旅客鉄道株式会社及び日本貨物鉄道株式会社に関する法律17条〕、東日本・中日本・西日本・首都・阪神・本州四国連絡高速道路株式会社役職員〔高速道路株式会社法19条〕など）が挙げられます。

(7) 贈賄罪に対する制裁

　① 刑罰…3年以下の懲役又は250万円以下の罰金
　② 発注官公庁等による指名停止措置
　③ 建設業法による監督処分としての営業停止処分

## 2　外国公務員等不正利益供与罪

### (1)　外国公務員等への不正利益供与とは

　これまで見てきた「贈賄罪」は、わが国の公務員に対する賄賂の提供等を問題にする犯罪でしたが、外国の公務員等に対する利益供与も犯罪になることがあります。この点については刑法上の贈賄罪の保護法益は「公務の公正及びそれに対する社会一般の信頼」ですので、外国の公務員等に利益供与がなされた場合、その外国の公務の公正さが損なわれることがあったとしても、わが国の公務の公正さが害されるわけではないので、「公務の公正さ」という点では特に問題にはならないはずです。

　しかしながら、外国の公務員等に利益供与を行うことで、その外国における商取引等において「手心」を加えてもらうことで、競合他社よりも自分（自社）の立場を有利なものにするということが考えられ、このような行為が国際商取引の世界で蔓延すると、国際的な競争条件を歪めることとなります。そこで、こうした利益供与行為を防止し、国際的な商活動における「公正な競争の確保」を図るために規定されたのが、外国公務員等不正利益供与罪なのです。

　刑法上の贈賄（日本の公務員への利益供与）も、外国公務員等への不正な利益供与も、利益を提供する側の企業等の動機は、職務権限上「手心」を加えることができる公務員に利益を提供することで、自らが関係する取引において有利に取り扱ってもらうことにありますので、その限りでは、贈賄罪も外国公務員等不正利益供与罪も同種の犯罪ということになりますが、上記のとおり、贈賄罪は「公務の公正とそれに対する社会一般の信頼」を直接の保護法益とするのに対し、外国公務員等不正利益供与罪は「国際的商活動における公正な競争の確保」を直接の保護法益としており、両者は保護法益を異にしていることから、外国公務員等不正利益供与罪を刑法の贈賄

罪として規定することは適当ではないとされ、不正競争防止法18条に規定されています。

なお、外国公務員等不正利益供与罪は、利益供与等を行った行為者だけでなく、行為者が属する法人も罰せられることになります。

(2)　外国公務員等不正利益供与罪の構成要件

不正競争防止法18条では、「①何人も、②外国公務員等に対し、③国際的な商取引に関して、④その職務に関する行為をさせ若しくはさせないこと、又はその地位を利用して他の外国公務員等にその職務に関する行為をさせ若しくはさせないようにあっせんさせることを目的として、⑤金銭その他の利益を供与し、又はその申込み若しくは約束をしてはならない」とされています。

①　主体

行為主体は「何人も」とされており、限定がありません。

②　外国公務員等

外国公務員等とは、以下の４つのカテゴリーに属する機関等の事務に従事する者を指します。純然たる公務員に限定されていない点（下記(ⅱ)〜(ⅴ)を含む点）には十分注意してください。また、以下のカテゴリーに属する機関等の「職員」でなくても、すなわち正式な雇用契約の存否にかかわらず、その機関の事務を行っていれば「事務に従事する者」に当たります。

(ⅰ)　外国（外国の地方公共団体を含む）の立法・行政・司法機関の官職にある者

(ⅱ)　外国政府関係機関・公的機関（日本でいう特殊法人や特殊会社等に相当します）の事務に従事する者

(ⅲ)　国有企業等の公的企業（外国の政府又は地方公共団体に支配される事業者のうち、特に権益を付与されている事業者）の事務に従事する者

──　国有企業を念頭に置いています。「支配」と具体的には、外国政府・地方公共団体が(ｱ)発行済株式総数のうち議決

　　　　権ある株式の総数の過半数の株式を所有している場合、
　　　　(イ)出資総額の過半にあたる出資を行っている場合、(ウ)役
　　　　員の過半数を任命若しくは指名している場合を意味しま
　　　　す*2)。
　　──　「権益」とは、継続的な補助金や一定の分野における
　　　　独占権の付与など、民間企業とは異なる権益を指します。
(iv)　公的国際機関の公務に従事する者
　　──　公的国際機関の具体例としては、国際連合、UNICEF
　　　　〔国連児童基金〕、ILO〔国際労働機関〕、WTO〔世界貿
　　　　易機関〕などがあります。
(v)　外国政府又は国際機関から権限の委任を受けているものに
　　従事する者
　　──　「権限の委任を受けているもの」とは、外国政府や国
　　　　際機関が自らの権限として行うこととされている事務
　　　　を、その事務に関する権限の委任を受けて、遂行してい
　　　　るものを指します。例えば、化学プラント建設にあたり、
　　　　その国の法律に基づく設置許可を与えるに際し、事前に

---

*2)　なお、このカテゴリーの機関については「その他これに準ずる者として政令で定める者」
　　という類型があり、「不正競争防止法18条2項3号の外国公務員等で政令で定める者を
　　定める政令（平成13年12月5日政令第388号）」には、以下の事業者が定められている。
　① 1又は2以上の外国の政府又は地方公共団体により、総株主の議決権100分の50を
　　超える議決権を直接に保有されている事業者（政令1項1号）
　② 株主総会において決議すべき事項の全部又は一部について、外国の政府又は地方
　　公共団体が、当該決議に係る許可、認可、承認、同意その他これらに類する行為
　　をしなければその効力が生じない事業者又は当該決議の効力を失わせることがで
　　きる事業者（政令1項2号）
　③ 1又は2以上の外国の政府、地方公共団体又は公的事業者により、発行済株式の
　　うち議決権のある株式の総数若しくは出資の金額の総額の100分の50を超える当該
　　株式の数若しくは出資の金額を直接に所有され、若しくは総株主の議決権の100分
　　の50を超える議決権を直接に保有され、又は役員（取締役、監査役、理事、監事
　　及び清算人並びにこれら以外の者で事業の経営に従事しているものをいう。）の過
　　半数を任命され若しくは指名されている事業者（1号に掲げる事業者を除く）（政
　　令1項3号）（なお、「公的事業者」の意味については、同政令2項参照）

　　　　　環境基準をクリアするかどうかについて検査・試験等を行うその国の指定検査機関・指定試験機関等が想定されています。これらの検査機関は、外国政府等が持つ検査・試験の権限を委任されて検査・試験業務を遂行しています。

　　　　　これに対し、権限の委任を伴わない事務、例えば公共工事を受注した建設会社等の職員などは、対象にはなりません。

③　国際的な商取引に関して

　「国際的な商取引」とは、国際的な商活動を目的とする行為、すなわち国境を越えた経済活動に関する行為を意味します。

　例えば、日本に主たる事務所を有する建設業者が、A国内においてODA事業として発注される土木工事の受注を目的として、日本でA国の公務員に贈賄する場合には、ODA事業として発注される土木工事は、海外における事業活動であり、その受注活動は国際的な商活動ということになります。

　また、日本に主たる事務所を有する建設業者が、日本にあるB国大使館の改築工事の受注を目的として、日本でB国の公務員に贈賄する場合も、改築工事そのものは日本国内で行われるものではありますが、改築工事契約の当事者に国際性があるため、やはり国際的な商活動ということになります。

④　営業上の不正の利益を得るために

（ⅰ）「営業上の利益」

　　　事業者が営業を遂行していくうえで得られる有形無形の経済的価値を意味します。例えば、取引（随意契約）の獲得、工場建設に係る許認可の獲得などが挙げられます（これに対し、現地において自らが生活するために最低限必要な食料の調達のための便宜は、一般的には「営業上の利益」とはいえません）。

(ii) 「不正の利益」

　公序良俗又は信義誠実の原則に反するような形で得られるような利益を意味し、類型としては、(ア)利益供与により自己に有利な形で外国公務員等の裁量を行使させることによって獲得する利益（例：裁量権でうまく取り計らってもらい随意契約により公共工事を自己へ発注してもらう）、(イ)利益供与により違法な行為をさせることによって獲得する利益（例：監視監督についてお目こぼしをしてもらい、環境基準等を満たさない工場の建設許可の獲得）が想定されています。

　なお、通常の行政サービスに係る手続の円滑化は、「不正の利益」にはあたらないとされています。すなわち、通関、検閲、入国・滞在ビザの発給・延長申請等の迅速化、上下水道・電話の敷設の円滑化は、「不正の利益」には該当しないとされています。

(iii) 社交的儀礼

　外国公務員等不正利益供与罪が成立するためには、「営業上の不正な利益を得る」目的が必要ですので、通常の社交的儀礼の範囲内での接待・贈答については、本罪は成立しません。ただし、この「営業上の不正な利益を得る」目的の有無は、利益を供与した者の供述によってのみ認定されるのではなく、利益を供した相手である外国公務員の属する国の社会常識や利益が提供されたときの状況、外国公務員等の地位や職務権限と自己の立場との関係など、様々な要素を考慮して判断されるものです。したがって、いくら利益を供与した者が「営業上の不正な利益を求めるつもりはなかった」と主張したとしても、そのような弁明が通じるとは限りませんので、安易に「社交的儀礼だから」と考えて外国公務員等への接待や贈答を行うことのないように十分配慮する必要があります。

⑤ 職務に関する行為(作為・不作為)

「職務に関する行為」とは、利益を供与した外国公務員等の職務権限の範囲内にある行為はもちろん、その職務と密接に関連する行為(職務密接関連行為)も含まれます。

⑥ あっせん行為

「その地位を利用して他の外国公務員等にその職務に関する行為をさせ若しくはさせないようにあっせんさせること」とありますので、利益を供与した外国公務員等に職務権限がなくともその人を通じて第三者に「口利き」をしてもらう場合も含まれます。

⑦ 金銭その他の利益の供与等

(i)「金銭その他の利益」

「利益」は、贈賄罪における「賄賂」と同義で、財物等に限られず、およそ人の需要・欲望を満足させるに足りる一切の有形・無形の利益を意味しています。したがって、金融の利益、家屋等の無償貸与、接待・供応、職務上の地位、異性間の情交なども含まれます。

(ii)「供与・申込み・約束」(利益供与等)を行う場所(国)

以下のいずれの事例にも外国公務員等不正利益供与罪は成立します。なお、外国公務員等への贈賄は、当然のことながらその国の法による処罰の対象にもなります。

・日本国内で外国公務員等に利益供与等を行う場合
・外国で当該国の公務員等に利益供与等を行う場合
・日本から手紙・電話・ファックス・電子メールで利益供与の申込み又は約束が行われたが、利益供与は行われなかった場合
・日本から現地社員・代理店等に贈賄を指示し、現地社員等が現地にて利益供与等を行う場合

⑧ 注意点(代理店を通じた利益供与等)

外国公務員への利益供与は、日本の会社やその会社の現地子会社の従業員により行われる場合もありますが、会社や現地子会社の代理店を通じて行われることもあります。例えば、代理店が代理店手数料を通常よりも多く要求してその一部を外国公務員へ供与しており、そのことを承認したり、薄々知って黙認したりしていた場合には、共犯として日本の会社や現地子会社の従業員も処罰されることになります。「代理店にやらせておけば大丈夫」などという甘い認識は捨ててください。

(3)　外国公務員等不正利益供与罪の罰則
　① 　行為者個人…5年以下の懲役又は500万円以下の罰金
　② 　雇用者（法人等）…3億円以下の罰金

## 3　私文書偽造

### (1)　文書偽造罪・偽造文書行使罪とは

　文書偽造罪とは、例えばXがYの名義の領収書を勝手に作成し、本来はXがこの領収書の作成名義人であるにもかかわらず、それがYと偽るように、文書の作成名義人を偽る罪を意味します。このように、Yが作成した文書でもないにもかかわらず、あたかもYが作成したかのような外形をもった文書が世の中に出回るようになれば、Yの名前が記され印鑑が押されていても、うかつにそのような文書を信じることはできなくなります。

　我々の社会生活や業務は重要な事柄になるとほとんどのものが文書により行われます。契約書しかり、会社内での決裁書しかりです。これは、口頭で発した言葉は後々検証することが難しいとともに、その内容も正確に伝達することが難しいのに対し、文書による言葉は、これらの欠点がないことによります。このように、社会生活における文書の重要性に鑑み、文書に対する公衆の信頼を保護しようとしたのが刑法上の文書偽造罪ということになります。

文書の信用を保護しようとする場合、①文書の作成名義人の正確性を確保することで信用性を維持する方法と、②文書の内容が正確性を確保することで信用性を維持する方法（作成名義人が不正確でも文書内容が正しければいいという発想です）とが考えられますが、わが国の刑法は、①の作成名義人の正確性を確保することとしていますので、文書の内容が正しくとも、文書の作成名義人に偽りがある場合には文書偽造罪が成立することになります。

　なお、作成名義人を偽って文書を作成すること自体が文書偽造に該当しますが、偽造された文書を正しい文書として使用することも、偽造文書行使罪として処罰されることになります。

(2)　私文書偽造の構成要件

　①　文書

　　文書とは、ある程度持続的に存続することができる状態で、文字（又はこれに代わる符号）で、人の認識などが表示されたものを指します。

　　そして、刑法上、文書は公文書と私文書とに区別されますが、「公文書」とは、公務員又は公務所の作成するべき文書を、「私文書」とは、他人の権利・義務又は事実証明に関する文書を意味します。したがって、会社において作成される文書は「公文書」ではなく、「私文書」ということになりますので、会社業務上もっぱら問題になり得るのは、「私文書」です。

　　なお、私人の作成する文書がすべて「私文書」に該当するわけではなく、「権利義務に関する文書」すなわち権利義務の発生・変更・消滅の要件になる文書及び権利義務の存在を証明する文書（契約書・借用証・受領証・保証書・遺言書・委任状・銀行預金通帳・婚姻届・領収証等）と、「事実証明に関する文書」すなわち社会生活上重要な事実を証明し得る文書（推薦状・紹介状・転居届・案内状・広告チラシ・履歴書など）とに限定されます。

② 偽造・変造

前記(1)にも記載したとおり、わが国の刑法は、文書の作成名義人の正確性を維持することを中心に置いていますので、作成名義人ではない者（X）が名義（Y）を勝手に利用して文書を「作成」することを「偽造」としています。

これに対し、作成名義人でない者が、すでに存在する文書の「非本質的部分」について不法な変更を加えて、新たな証明力を有する文書を作り出すこと（例：文書の作成日付を1日だけずらすなど）を「変造」と呼んでいます。ただし、すでに存在する文書に変更を加える場合でも、本質的部分に変更を加え、従前の文書と同一性を失うに至れば、「偽造」ということになります。

③ 有印・無印

文書の中に、印章・署名のある場合を「有印」といい、これらを欠く場合を「無印」といいます。印章や署名を伴う文書はそれだけ信用性が高いのに対し、印章及び署名を伴わない文書は相対的に信用性が低いことから、有印私文書の偽造のほうが無印私文書の偽造よりも重く罰せられています。

④ 行使の目的

私文書偽造が成立するには、「行使の目的」が必要です。ここに「行使の目的」とは、他人に偽造文書を真実の文書と誤信させようとする目的、とされています。

(3) コピー

近時のカラーコピーを含めたコピー技術の著しい進歩の結果、原本の名義人や重要な内容を変更したコピーを作成することは比較的容易になってきています。そして、そのようなコピーを「原本だ」と偽って使用するつもりである場合、それが「私文書」であれば、私文書偽造罪に該当することになります。また、そのようなコピーを原本ではなく、「コピーだ」と偽ってコピーとして使用する場合も、

判例では文書偽造罪として扱っています。例えば、コピーの提出を要請されている領収書について、コピー段階で偽造を施した場合にも、文書偽造罪は成立することになります。

(4) 刑罰

　有印私文書偽造罪・有印私文書変造罪・偽造変造有印私文書行使罪（刑法159条・160条）…3月以上5年以下の懲役

　無印私文書偽造罪・無印私文書変造罪…1年以下の懲役又は10万円以下の罰金

(5) 具体例

　会社業務との関係では、経費の水増しの目的で、白紙の領収書に金額を記入したり、記載金額を修正したりする場合が典型例として挙げられます。

## 4　入札妨害

(1) 入札妨害罪とは

　公の機関、すなわち国や地方公共団体の実施する入札は、その入札によって調達しようとしている商品やサービスを販売・提供している関係者に平等に取引の機会を与えると同時に、これらの関係者（入札参加者）を競わせることによって、可能な限り廉価で調達し、又は高価で売却することを目的としている制度です。したがって、国や地方公共団体が実施する入札では、公正さを確保し、特定の関係者（入札参加者）だけが有利になるようなことがないようにする必要があります。この公正さが確保されなければ、誰も入札に参加しなくなり、その結果工事サービス物品の調達は随意契約しか方法がなくなり、税金等を適正かつ効率的に利用できなくなるうえ、場合によっては誰とも調達のための契約を締結できず、国民全体の利益に反することになります。

　他方で、入札が公正に行われれば行われるほど、入札参加者にとっ

ては自己が確実に落札・受注できるかどうかが不明となり、その結果、入札参加者は「不確実性」の中で競い合いながら落札・受注を目指すことになります。しかしながら、事業活動の一環として入札に参加する側からすれば、できるだけ予測可能性が確保されること、すなわち自己が他社よりも有利に、かつ確実に高値で落札・受注することを望むのが一般的です。そして、この願望が高じると、①発注者（入札の実施者）である国又は地方公共団体の機関に勤める役職員から予定価格に関する情報を入手してできるだけ高価格での落札・受注を目指したり、②他の入札参加者を脅して入札手続から排除することで自己の落札・受注を確実にしたりするようになる危険性があります。

　そこで、刑法では、公の入札の公正さを保持することを目的として、入札妨害罪が規定されています。なお、入札妨害罪は、「公の入札」でだけではなく、「公の競売」も対象としていますが、本書では建設業者を読者として念頭に置いていますので、以下では「公の入札」を中心に話を進めます。

(2)　**入札妨害罪の構成要件**

　入札妨害罪とは、①偽計又は②威力を用いて、③公の競売又は入札の公正を害すべき行為を指します。

①　主体

　特に限定はありませんので、発注者側の者であるのか、あるいは受注者（入札参加者）の側であるのかは、問題になりません。どちらも入札妨害罪の主体になり得ます。

②　偽計を用いること

　「偽計」とは、他人の正当な判断を誤らせるような術策を指します。また、人を欺いたり誘惑したりすることも指します。

　「偽計」の典型例には、発注者である官公庁内部の者と連絡して、入札における秘密情報である「予定価格」を発注者がひそかに入札参加者に伝えたり、入札参加者が発注者の内部の者

から入手したりする行為があります。

　また、近年では、「予定価格」の内報だけではなく、公募型指名競争入札制度における「相指名業者（入札参加者）」の内報も「偽計」に該当する旨判断した下級審判例も登場しています[*3)]。公募型指名競争入札制度では、どの業者が指名業者であるかが他の業者に分からないようにすることで、談合を排除しようとしていますので、この「相指名業者」に関する情報も秘密情報ということになります。

　以上のとおり、公共入札を公正に行うために入札参加者に知らされていない情報を、発注者の関係者が特定の入札参加者にのみ内報することは「偽計」に該当する可能性がありますし、「偽計」という言葉そのものが広がりをもって解釈される余地のある文言でもあるため、注意が必要です。

③　威力を用いること

　「威力」とは、人の意思の自由を制圧することのできる力を指します。暴力や脅迫が「威力」に当たることは間違いありませんが、これに限らず、職位・地位などを利用して、相手方を制圧するこれもまた「威力」に該当します。

　例えば、自己が落札するために、他の指名業者に対して自社を落札者とする談合を持ちかけ、これに応じなかった会社の代表者に対し、談合に応じなければ身体等に危害を加えかねない規制を示してこれに応じるように要求するなどというのは、「威力」を用いた入札妨害の典型例といえます。

④　公の入札の公正を害すべき行為

　(i)　公の入札

　　「公の入札」とは、国又は地方公共団体の実施する入札を指します。ただし、公法人又は公共団体といわれるもの（例：

---

*3）大阪地裁平13.11.30判決（公刊物未登載）

健康保険組合法による組合）であっても、その事務が公務に当たらない団体の実施する入札は「公の入札」に該当しないとされています[*4]。

　(ⅱ)　公正を害すべき行為

「公正を害すべき行為」とは、公の入札が公正に行われていることに対し、客観的に疑問を懐かせる行為や入札の公正さに不当な影響を与える行為をいいます。したがって、行為の結果、現実に公正が害される必要はなく、公正を害すべき行為さえあればそれだけで十分ということになります。

(3)　入札妨害罪に対する制裁

① 刑罰…2年以下の懲役又は250万円以下の罰金（行為者個人〔自然人〕のみが罰せられ、行為者が属する法人は罰せられません）

② 発注官公庁等による指名停止措置

③ 建設業法による監督処分としての営業停止処分

(4)　注意点

入札談合を含め、入札の公正を害する行為に対しては、税金の無駄遣いを招くことが昨今では強調され、内外からの批判が強まる中、社会のこれらの行為をみる眼が大変厳しくなってきています。その結果、入札の公正がより強く求められその保護も強化される方向にあるうえ、「偽計」という文言には解釈の幅があり、様々な行為を包含する可能性をもった要件であることから、今後、この偽計入札妨害罪の適用される範囲は広がる可能性があります。したがって、入札において自己を有利にすることができる秘密情報を発注者等から入手することについては、担当者としては営業活動の一部と捉える向きがあるかもしれませんが、偽計入札妨害罪に当たることになりますので十分な注意が必要です。

---

[*4]　東京高裁昭36.3.31判決

また、自己を有利にする価値のある秘密情報を発注者から入手するにあたっては、内報の見返りに何らかの利益を内報者に与えることになりがちです。そうなると、内報の見返りとしての利益は、「賄賂」として扱われ、贈賄罪が成立する可能性も生じます。
　　したがって、入札においては、奇をてらうことなく、正々堂々と臨むことが、今後は以前にも増して重要となります。

## 5　不正談合

### (1)　不正談合罪とは

　　不正談合罪も、入札妨害罪と同様に、国や地方公共団体の実施する入札の公正さを保護することを目的としたものです。前記4(1)で指摘しましたとおり、入札制度は、他の入札参加者の応札価格が分からない中で自社の応札価格を決定することになるため、受注を欲すれば欲するほど、入札にあっては応札価格が低くなる（競売であれば応札価格が高くなる）傾向があります。このため、入札参加者間で、事前に落札予定者を決めてしまい、他の入札参加者はその者の落札に協力するという協定を結んでおけば、応札価格を高止まりにすることができますが、このような入札参加者間の協定を認めてしまえば、入札が公正に行われたことにはなりません。
　　そこで、入札参加者間の協定を禁じる不正談合罪を設け、前記4の入札妨害罪とともに、公の入札の公正さを保護しようとしているわけです。

### (2)　不正談合罪の構成要件

　　① 　公の入札
　　　　不正談合罪も、入札妨害罪と同様に、「公の入札」行為の対象となります。ここでいう「公の入札」の意味は、入札妨害罪と同じですので、前記4(2)④(i)（101頁）を参照してください。
　　② 　談合

談合とは、「入札者が互いに通謀し、ある特定の落札希望者を契約者とするために、他の者は一定の価格以下に入札しないことを協定すること」を意味します。

　したがって、2人以上の通謀や合意が必要ですが、必ずしも入札参加者全員が話し合いを行う必要はなく、一部の入札参加者だけで話し合いをしたときでも、それらの者に不正談合罪が成立します。

③　公正な価格を害する目的

　「公正な価格」とは、入札において、公正な自由競争によって形成されたであろう落札価格を意味し、この公正な落札を離れて客観的に考えられる価格を意味するものではないとされています。このように、公正な入札という過程（プロセス）を通じて形成される価格に着目しているため、予定価格や入札者の採算は考慮されないことになります。その結果、談合により形成された落札価格が赤字価格であった場合でも、談合により公正自由競争が阻害された以上は、その落札価格は「公正な価格」とはいえないことになります。

　そして、「公正な価格を害する目的」とは、公正な自由競争が行われるならば形成されるであろう価格をことさらに引き上げる（入札の場合）又は引下げる（競売の場合）ことを指します。

　入札参加者間で談合（事前に落札予定者を決め、札値の協力をする合意）をしている場合、公正な自由競争は行われておらず、また通常は落札価格を引き上げられることから、談合が行われれば、「公正な価格を害する目的」は認定されることが多いといえます。したがって、「公正な価格を害する目的はなかった」などと説明してもそのような弁解が通ることはまず考えられませんので、「談合」そのものを行わないようにする必要があります。

④　不正の利益を得る目的

「不正な利益」の典型例とされているのは、いわゆる「談合金」です。より一般的には、談合により談合者の得る利益が、社会通念上の「祝儀」の程度を超え、不当に高額である場合を指します。

談合は、入札において特定の落札希望者を受注予定者と決定することになるため、受注予定者とならなかった入札参加者からみれば、受注予定者の受注に協力するだけで自社にはメリットがありません。別の見方をしますと、受注予定者以外の入札参加者には、受注予定者の受注に協力するメリットがなければ談合も成立しないことになります。

ここで、受注協力のメリットとして考えられるのは、談合金の獲得です。受注希望を放棄する代償として談合金を受け取ることで受注予定者（他社）の受注に協力するという場合です。そして、このような「談合金」の授受が行われた場合には、一般に「不正な利益を得る目的」で談合したものとされています。確かに、社会通念上の「祝儀」を超えない程度の金額であれば、「不正な利益を得る目的」には該当しない可能性はありますが、何を以て「祝儀」を超えない程度の金額とするかは事案ごとに異なるため、一般的な基準はありません。したがって、不正談合罪の疑いをかけられないようにするためにも、入札に関連して落札者から金銭を受領すること自体を避けるべきです。

(3) 不正談合罪に対する制裁
① 刑罰…2年以下の懲役又は250万円以下の罰金（刑法96条の3第2項。なお、行為者個人〔自然人〕のみが罰せられ、行為者が属する法人は罰せられません。）
② 発注官公庁等による指名停止措置
③ 建設業法による監督処分としての営業停止処分

(4) 注意点
かつては、採算無視の談合や不当価格の防止目的の談合は「公正

な価格を害する目的」に該当しない、あるいは違法性はないとの考え方や、談合には「良い談合」と「悪い談合」があると発想、さらに入札談合は日本社会の慣行であるとの認識から、不正談合罪の摘発は多かったとはいえませんでした。

　しかし、近時では、談合を犯罪視する社会の流れの中、公正取引委員会だけでなく、検察・警察も入札談合を刑法上の談合罪で摘発する例が目立つようになってきています。その中にあって、防衛施設庁事件では、不正談合罪により被告人に実刑判決が下されたことを考えますと、もはや談合に対する寛容な考え方を維持することはできないといえます。

　さらに、仮に、運よく、刑法上の不正談合罪に該当しなくとも、独占禁止法に違反することになる可能性が極めて高いことからすれば（第2編第1章参照）、入札談合を正当化することはできないといえます。

## 6　詐欺

### (1)　詐欺罪とは

　詐欺罪とは、人から財物を「騙し（だまし）取る」ことで、刑法上も「人を欺いて（あざむいて）財物を交付」させることと規定されています。窃盗罪、すなわち「盗む」という行為と比べますと、窃盗罪の場合は、財物の所有者ないし保管者の意思に反して財物を「奪う」ものですが、詐欺罪の場合は、財物の所有者ないし保管者は、騙されているとはいえ、自分が財物を相手に与えている（処分している）ことについて認識しているという点で大きく異なります。しかし、「騙し取る」行為も、財物の所有者ないし保管者がもし騙されていなければ、すなわち真実を知っていたならば、その財物を処分することはなかったわけですから、財産上の損害を受けていることには違いありません。また、詐欺が横行するようなことがあれば、

取引の安全も害され、商取引上も取引相手の言動を信用することができず、取引を円滑に進めていくことができなくなるという弊害もあります。

したがって、刑法は、このような他人の財物を騙し取るような行為についても窃盗罪同様に処罰することとしています。

(2) 詐欺罪の構成要件

詐欺罪が成立するための要件としては、①行為者の欺罔（詐欺）行為 ⇒ ②相手方の錯誤（勘違い）⇒ ③相手方の交付行為 ⇒ ④財物・利益の移転、という4つの行為がそれぞれ因果関係で結ばれていることが必要とされています。

① 欺罔（詐欺）行為

「欺罔行為」とは、財物を交付（処分）させるような錯誤（勘違い）に陥れるように人を欺く（あざむく）行為を意味します。

このような行為が実施されれば、たとえ相手方が詐欺に気づき、財物を交付しなかった場合でも、詐欺罪の未遂となり、やはり処罰されることになります。

② 錯誤

行為者の言動により、財物の所有者又は保管者は騙され、勘違いや誤信（錯誤）に陥る必要がありますが、被害者の錯誤には、財物の移転は承諾しているが短時間で返還されると誤信していた場合や、財物を移転する動機に勘違いがある場合（福祉施設に寄付すると誤信したり、結婚してくれると誤信したりした結果、財物の交付に合意した場合）なども含まれます。

また、欺罔行為により錯誤に陥る被欺罔者（騙された者）は、財産を処分する事実上の権限があればよく、被欺罔者と財産上の被害者が一致する必要はありません。したがって、建設業の例でいえば、設計図所定の鉄骨数を使用していないのに設計図通りであると装って設計事務所（工事監理者）を騙して査定を受けるなどした場合、設計事務所が実際の被害を受けるわけで

はなく、発注者が被害を受けることになりますが、この場合でも詐欺罪は成立します。
③　処分行為・財物の移転
　前記(1)のとおり、窃盗罪と詐欺罪とを区別するものが被欺罔者による処分行為の有無であることから、この処分行為が必要とされています。
　また、財物の移転との関係では、たとえ、財物の移転に伴い、行為者から被害者に対して正当な額のお金が支払われていたとしても、被欺罔者が本当のことを知っていたのであればその財物を処分しなかった場合には、やはり詐欺罪が成立することになります。

(3)　詐欺罪と法人
　詐欺罪を実際に実施するのは、個人です。たとえ、上司の命令等により詐欺罪を実行した場合であっても、命令を下した上司と詐欺を実施した部下とが詐欺罪の行為者ということになります。そして、現在の刑法では、法人は特別の定めがない限り、処罰されないことになっています。詐欺罪には法人を処罰する特別の規定はありませんので、会社の業務の一環として詐欺罪を行うことがあったとしても、罰せられるのは詐欺を担当した個人（自然人）ということになりますので、この点は十分に認識する必要があります。
　もちろん、被害者が民事上の損害賠償請求を行う際には、詐欺を担当した個人（自然人）だけではなく、行為者が所属する会社（法人）も請求の対象となりますが、これはあくまで民事上の責任の問題であって、刑事上の責任は会社（法人）には生じないことになります。

(4)　補助金の不正受給
　建設業においては、対象となる工事に国からの補助金が支給されることがあります。対象工事が何らかの点で公益性を有している場合には、国が補助金を支給することで工事代金の一部又はすべてを

負担することで、建設業者の工事代金の負担を減らすとともに、工事を推進することで国のインフラや公益的な設備等を拡充していくことができます。この補助金は国の予算から出されているものである以上、補助金が公正・適正に交付・使用されることが重要となります。

このため、補助金の支給については、「補助金等に係る予算の執行の適正化に関する法律」（以下「補助金適正化法」）が制定されており、補助金が不公平に支給されたり、不正に受給されたりすることがないよう、補助金支給の手続がこの法律により定められています。

そして、補助金の支給を求めるにあたり、虚偽の事実を報告したり、そのような報告を行うために協力するようなことがあれば、これは、国家に対する詐欺ということに他なりません。

実際、後記(5)のとおり、補助金適正化法は、補助金の不正受給に対する罰則を設けています。

(5) 刑罰
① 詐欺罪…刑法246条により10年以下の懲役
② 補助金の不正受給…補助金適正化法29条により、行為者（自然人）は5年以下の懲役若しくは100万円以下の罰金又はこれらの併科、法人は100万円以下の罰金
③ 補助金の不正受給罪・詐欺罪にて起訴された事件では、行為者の所属する法人が建設業法による監督処分としての営業停止処分を受けた例があります。

(6) 具体例
① 架空工事代金を請求すること（実施には施工していない工事項目について、施工したものとして関係書類を作成し、注文者に工事代金を請求すること）
② 補助金交付対象工事について、発注者の補助金申請時に建築費等の水増し申請に協力すること

## 7　横領

### (1)　横領罪とは

　横領罪とは、他人から預かっていた物を自分のものとしてしまうことで、典型例としては他人から管理を任されて手元にあるお金を着服してしまう場合が挙げられます。人の財物を自分のものにしてしまうという点では、窃盗罪（盗み）と同じですが、窃盗罪の場合は、他人から管理を任されているわけではなく、他人のもとにある財物を自分のものにしてしまうという点で横領罪とは異なります。

　横領罪は、他人から管理を任され手元に財物がある場合に管理している者が誘惑に駆られてその財物を自分のものにしてしまう事態を防止することを目的としている犯罪です。

　そして、社会生活上の地位に基づいて反復継続して行われる事務に基づいて他人の財物を保管する場合には、より誘惑に駆られるおそれがあるため、このような事態が生じることがないようにする必要性が大きいといえます。社会生活上の地位に基づいて他人に保管・管理を委ねた財物が勝手に処分されるようなことが頻繁に起きるようになってしまっては、会社業務においても安心して従業員に会社の財産管理を任せられなくなり、我々の社会生活に多大な支障を来すことになるからです。またそのような社会的地位に基づいて保管を委ねられているのにそれを裏切っていることから非難の度合いも大きいため、業務上横領罪として通常の横領罪よりも重く罰せられることになります（後記(3)参照）。

### (2)　横領罪の構成要件

　横領罪を構成する要件は、①「自己の占有する他人の物」を②「横領」することです。

　　①　自己の占有する他人の物
　　　「占有」とは、ある財物について事実上の支配が及んでいる

状態のことを指し、他人から財物を預けられ手元で保管している状態が典型例として挙げられます。ただし、手元に財物がある場合だけでなく、法律上の支配が及んでいる場合もここでいう「占有」に含まれます。例えば、銀行の預金については預金者に占有があるとされています。銀行の預金（金銭）そのものについて事実上の支配をしているのは銀行ではありますが、預金者には引き出しの権限があることから、預金者に「占有」があるとされているわけです。

② 横領

「横領」とは、判例上、他人の物の占有者が委託の趣旨に背いて、その物について権限がないのに、所有者でなければできない処分をする意思が客観化した行為とされており[*5]、要は、財物の保管を委託した趣旨に背いて所有権者でなければできない処分をしてしまうことを指します。

例えば、保管している財物を、他人に売ってしまったり（売買）、あげてしまったり（贈与）することなどはその典型例といえます。この他、保管している金銭を勝手に使い込んだり、持ち逃げしたり（費消・着服）することも当然のことながら含まれます。

ここで注意しなければならないのは、判例では、例えば金銭を一時的に流用して後で補填する意思があった場合でも、横領が成立するとしていることです[*6]。したがって、一時的に借りるだけだから、という安易な気持ちで自分が保管している財物を自分のために使用することは厳に慎まなければなりません。

③ 業務上の占有

他人の財物を保管（占有）することを内容とする社内生活上

---

＊5）最高裁昭28.12.25判決（刑集7巻13号2721頁）
＊6）最高裁昭24.3.28判決（刑集3巻3号276頁）

の事務を反復・継続する人が、その財物を横領してしまった場合には、「業務上横領罪」として、前述のとおり、通常の横領罪（単純横領罪）よりも重く罰せられます。

　そして、この「業務上」とは、倉庫業など他人の財物を保管することを本来的な任務・業務とする職業に就いている人だけでなく、経理部長が会社のお金を着服するといった場合など、会社の業務上（仕事の上で）会社の財物を保管・管理する場合も含まれますので、この点は十分注意する必要があります。

(3)　横領罪の刑罰
　① 　単純横領罪（刑法252条1項）…5年以下の懲役
　② 　業務上横領罪（刑法253条）…10年以下の懲役

(4)　会社業務における具体例と注意点
　① 　具体例
　　(i)　会社に計上されるべき取引先からのリベートを現金で手渡され、これを私用に費消すること
　　　※　本来会社に計上されるべきリベートですから、当然のことながら、このリベートは受領後会社の経理部において処理されるべき金員です。そして、経理処理するまでの間、会社から保管・管理を委託されていることになります。
　　(ii)　建築現場等に納入された資材等を自己のものとして持ち帰ること
　　(iii)　会社の未公開コンペ案や顧客名簿などの機密情報を持ち出し、競合他社の従業員に貸すこと
　　　※　機密情報の管理が職務の一部とされている場合には、会社が保管を委託した趣旨に背き、（友人等の他人に貸すという）権限がない行動をとっていることから、横領罪が成立します。また、仮に、機密情報の管理が職務の一部とされていない場合には、他人（会社）の占有する財

物を取ったということで窃盗罪に該当するおそれがあります。

② 注意点

まずは、会社の業務上保管する物について公私混同しないことが必要です。すなわち、今自分の手元にある物が会社のものなのか、あるいは自分のものなのかについて十分に注意するよう意識し、自分の物とはいえないものについては、会社の物として捉えたうえで、なぜその物が手元にあるのか、保管・管理を委ねられているのかその趣旨を考えたうえで、その趣旨に背く行動をとらないようにすることが肝要です。

また、一時的な借用でも横領となることはすでに述べたとおりですので、一時的に借りるだけだから問題はない、という甘い認識は厳禁です。

さらに、会社の仕事上での横領は、上記(3)のとおり、単純横領罪の2倍の罰則が法律上定められていることを十分に自覚することも重要です。

# 8　背任

## (1)　背任罪とは

背任罪とは、自分や第三者の利益を図り、又は任務を与えている者に対し損害を与えることを企図して、自分に与えられた任務に背き、その結果、任務を与えている者に財産的な損害を与えることです。巷でよく問題にされる例では、金融機関の融資担当者が十分な担保をとらずに融資を実施し、その結果、金融機関に多額の損害を与えたり、リベート約束により会社が本来締結しえたものよりも高い代金を設定し、そのリベートを担当者が私的使途に利用したりした場合などが挙げられ、会社や官庁の管理職以上の者が犯しやすい代表的・典型的なホワイトカラー犯罪とされています。

職務執行上、会社の利益を犠牲にして自己の利益（自己の業績アップを含む）を図る機会が与えられた場合には、ともすると誘惑にかられて自己の利益を優先してしまう危険性がありますが、その場合には背任罪に該当するおそれがあるという点では、一定の決定権限を付与される会社の役職員は、背任罪に該当するような行為を行わないよう十分に注意する必要があるといえます。

　また、後述するとおり（後記(3)）、会社の発起人、取締役、監査役等の役員あるいは支配人、その他の一定事項につき権限を与えられている使用人の身分にある者が、職務上会社から受けている信任を裏切り、会社に財産上の損害を加える行為については、会社法により、「特別背任罪」として刑法上の背任罪よりも重く処罰されることになりますので、注意が必要です。

(2) 背任罪の構成要件

　刑法上の背任罪は、①「他人のためにその事務を処理する者」が、②「自己若しくは第三者の利益を図り、又は本人に損害を与える目的」で、③「任務に背く行為をすること」によって、④「本人に財産上の損害を加えたこと」によって成立します。

　① 「他人のためにその事務を処理する者」

　　ここにいう「他人」とは、行為者以外の者を指し、自然人に限られず、法人も含まれます。したがって、当然のことながら、会社も含まれることになります。

　　また、「事務」とは、財産上の利害に関する仕事一般を意味するものとされていますが、継続的なものに限られず、一時的な仕事も含みます。ただし、事務処理者には、その事務を誠実に処理すべき信任関係が必要で、この信任関係は、法令・契約・定款・内規に基づいて発生するのが一般的です。

　　したがって、会社においては、役員のみならず従業員も、会社から任務を与えられて会社業務を遂行していることから、この「他人のためにその事務を処理する者」に該当することにな

ります。
② 図利加害目的

「自己若しくは第三者の利益を図り」（図利）又は「本人に損害を与える」（加害）目的という要件については、目的となる自己の利益には、地位の向上などの身分上の利益のほか自己の面目信用が失墜することを防止する等の非財産的な利益を含むと理解されていることには注意してください[*7]。

また、この目的については「意欲又は積極的認容」というレベルの強いものでなくともよいとされています[*7]。

この図利加害目的要件に関しては、本人（会社）の利益を図ったとも自己の利益を図ったとも言い切れない場合がどうなるか、という問題があります。例えば、ある工事物件を受注するかどうかを決定するにあたって、受注することによって会社の売上高が大きくなるという点では会社にメリットがあるものの、工事代金を回収できる可能性に若干の不安があるとともに、少額ではあるが担当者に発注先から謝金が支払われるような場合には、果たして図利加害目的があるのかどうか、直ちに判断することはできません。

このように、自己の利益を図る目的と本人（会社）のためにする目的とが併存する場合には、判例は、具体的事実を精査し、主たる目的がいずれであるかを判定して決定することとしています[*8],[*9]。

したがって、会社担当者としては、自己の行う業務決定が、「会社のためになる面もあるのだから特に問題ない」などと軽々

---

[*7] 最高裁昭63.11.21判決（刑集8巻11号1675頁）
[*8] 最高裁昭29.11.5判決（刑集8巻11号1675頁）
[*9] 損害発生の確率とともに、得られるであろう利益と得られる確率との積、さらに危険な取引を行わなければならない必要性の程度を踏まえて、「本人のためにする目的」があったかどうかを判断する判例もあらわれている（最高裁平10.11.25判決（刑集52巻8号570頁））。

しく考えることは厳に慎まなければなりません。半面で、結果的に会社に損害が生じる取引を行えば直ちに背任罪になるわけではありません。会社の利益を犠牲にして自己の利益を追求する場合に問題になるのが背任罪ですから、諸般の事情を総合的に勘案して常識的な判断のもとで会社の利益になると考えたのであれば、背任罪に問われることはないといえます。

③　任務違背

法令・契約・定款・内規により生じた法律上の義務に違反することを指しますが、これだけで直ちに任務違背とするのではなく、具体的状況の下で、実質的にみて本人（会社）に不利益となるか否かを判断します。

④　財産上の損害

「本人に財産上の損害を加えたこと」が背任罪成立の要件とはなっていますが、判例の中には、「実害の発生」までは要求せず、「実害発生の危険」があれば損害があると判断したものもあります[10]。また、損害額も必ずしも画定する必要はないとされており[11]、さらには、損害が発生した後に損害の一部を補填しても犯罪の成否には影響を与えませんので、結果的に契約代金等が全額回収されても背任罪は成立することになります。

(3) **特別背任罪**

会社法960条は、発起人、取締役、会計参与、監査役又は執行役、支配人、事業に関するある種類又は特定の事項の委任を受けた使用人、検査役等が、上記の背任罪の要件を満たす場合には、10年以下の懲役若しくは1,000万円以下の罰金又は懲役刑と罰金刑をともに科すこととしており、通常の背任罪に比べてかなりの重い刑罰を掲

---

\*10）最高裁昭37.2.13判決（刑集16巻2号68頁）、最高裁昭38.3.28決定（刑集17巻2号166頁）
\*11）大審院大11.5.11判決（刑集1巻270頁）

げています。

　ここに掲げられた者は、いずれも会社運営において重要な役割を担い、相応の権限が付与されています。そこで、その権限を濫用した場合には重い罰を加えることをもって、現代の経済社会において中核的な役割を果たしている会社の健全な運営を担保することに特別背任罪の目的があるわけですが、いわゆる役員だけではなく、「事業に関するある種類又は特定の事項の委任を受けた使用人」も含まれていることには、管理職以上の従業員も十分に注意を払う必要があります。

(4)　刑罰

　①　背任罪（刑法247条1項）…5年以下の懲役又は50万円以下の罰金

　②　特別背任罪（会社法960条）…10年以下の懲役若しくは1,000万円以下の罰金又は併科

(5)　具体例

　①　会社が工事を下請けに出す場合にリベート約束により会社が本来締結し得たものよりも高い下請代金が設定され、そのリベートを会社担当者が私的使途に使うこと

　②　工事代金の回収が不能になることを認識しながら、自己の営業成績アップのために工事契約を締結すること

　③　自己が管理するコンペ案やデータなどの機密情報を外部に流出させること

## 9　あっせん利得罪

(1)　あっせん利得罪とは

　あっせん利得罪は、「公職にある者等のあっせん行為による利得等の処罰に関する法律」（「あっせん利得処罰法」）に規定されている犯罪で、平成13年3月1日から施行されています。

あっせん利得処罰法が制定される以前から、中央又は地方の政治家による「口利き政治」は問題視されてきました。確かに、政治家がその支持者から様々な陳情や要望を受け、行政に働きかけることそれ自体は不当な行為ではありません。しかしながら、お金をもらって行う政治家の「口利き」が蔓延するようになると、政治家の政治活動は、お金が提供されたかどうか、又はその額によって影響されることになり、政治活動の公正さが害されることになるでしょうし、仮に影響されていないのだとしても国民から見れば政治活動の公正さに対して疑心を抱くことになります。

このため、「口利き政治」をなくすために制定されたのが、あっせん利得罪ということになります。

なお、あっせん利得罪に似た刑法上の犯罪として、「あっせん収賄罪」というものがあります。しかし、あっせん収賄罪は、「あっせん」の内容が公務員に職務上不正な行為をさせ又は相当な行為をさせないこと（不正な職務行為）ですが、あっせん利得罪は不正な職務行為に限られません。すなわち、政治家が公務員に適正な職務行為をさせた場合であっても犯罪が成立することになります。この点で、あっせん利得罪は、「口利き」そのものを処罰対象としているといえます（120頁の表参照）。

後述するとおり、あっせん利得罪の主体は、公職にある者に限られています。したがって、通常、会社員があっせん利得罪に問われることはありません。しかし、あっせん利得処罰法では、政治家などの公職にある者に、口利きをお願いし、財産上の利益を供与した場合には、利益供与罪として処罰されることになります。しかも、あっせん利得罪は、公務員に適正な職務行為をさせる場合であっても成立します。したがって、会社員が政治家などに公務員に通常の職務を行うようあっせんを依頼し、かつその会社員があっせんを依頼した政治家などに財産上の利益を供与した場合には、その会社員にも利益供与罪が成立します。

建設業と刑法犯罪　　117

(2) あっせん利得罪の構成要件
① 公職者あっせん利得罪
　(i)公職にある者（国会議員、地方公共団体の議会の議員又は長）が、(ii)国若しくは地方公共団体が締結する契約又は特定の者に対する行政庁の処分に関し、(iii)請託を受けて、(iv)その権限に基づく影響力を行使して、(v)公務員にその職務上の行為をさせるようにし又はさせないようにあっせんすること又はしたことの報酬として財産上の利益を収受することにより、公職者あっせん利得罪は成立します。「公職にある者」とは、衆議院議員、参議院議員、地方公共団体の議員又は長を指します。
　また、公職者が、「国又は地方公共団体が資本金の2分の1以上を出資している法人が締結する契約に関して」当該法人の役職員に対して、上記(iii)～(v)と同様の行為をした場合も同様に罰せられることになります。
② 議員秘書あっせん利得罪
　公設秘書が、上記①(ii)～(v)を行った場合にも、あっせん利得罪が成立します。
　これは、公職にある者が直接あっせんを行わなくとも、公職にある者が公設秘書を利用することで実質的には公職者あっせん利得罪と同様のことを行い得るのであって、このような公設秘書を通じて公職者あっせん利得罪の潜脱的行為が行われないように制定されたものです。
　なお、「公設秘書」とは、各国会議員にその職務の遂行を補佐する秘書及び主として議員の政策の立案及び立法活動を補佐する秘書1人（いわゆる政策秘書）のことを指します（国会法132条）。したがって、公設秘書には該当しない、いわゆる「私設秘書」はあっせん利得処罰法の主体とはされていません。
③ 利益供与罪
　上記①又は②の財産上の利益を供与すること

(3) あっせん利得罪の刑罰
　① 公職あっせん利得罪…3年以下の懲役
　② 議員秘書あっせん利得罪…2年以下の懲役
　③ 利益供与罪…1年以下の懲役又は250万円以下の罰金
(4) 注意点
　上記(1)に記載したとおり、公職者さらには議員秘書に対し、公務員がその職務を実施するよう「口利き」を依頼し、口利きの謝礼として現金を含む財産上の利益を渡した場合には、口利きの内容が公務員が行うべき職務であったとしても、利益供与罪が成立しますので注意が必要です。

　とりわけ、公職者に政治献金を行う場合には細心の注意を払ってください。寄付などの特別の場合を除き、我々が現金を含めた財産上の利益を相手に提供する際には、それ相応の「見返り」があります。すなわち、相応の「見返り」があってそれに対する謝礼・対価として財産上の利益を提供するか、あるいは相応の「見返り」を期待して財産上の利益を提供することになります。したがって、名目上は政治献金であったとしても、公務員に対し職務行為を実施するように「口利き」をしてもらうことへの謝礼としての意味があれば、それはあっせん利得処罰法の利益供与罪にあたる可能性があります。

　また、個人的な利益のためではなく、会社の利益のために口利きをお願いした場合であっても、会社ではなく、個人が罰せられることになります。

## (5) あっせん収賄罪との比較

|  | 保護法益 | 主体 | 請託の有無 | あっせんの対象 | 職務行為 |
|---|---|---|---|---|---|
| あっせん利得罪（公職者） | 公職者の政治活動の公正さとこれに対する国民の信頼 | 公職者 | 有り | 契約又は処分に関するもの | 職務上適正な行為 |
| あっせん収賄罪 | 公務員の職務行為の公正さ・これに対する社会の一般的な信頼 | 公務員 | 有り | 限定なし | 職務上不正な行為 |

〔多田　敏明〕

# 第4章●会社法

## 1　役員の義務と責任

　従来、日本には、189万の有限会社と115万の株式会社が存在していましたが、会社法の施行（平成18年）によって、旧有限会社と旧株式会社をあわせて新たに300万の株式会社が誕生するに至りました。

　株式会社には、株主、従業員、取引先、金融機関等の債権者など、多くのステークホルダーが存在しています。株式会社の取締役や監査役という役員は、会社の業務執行の意思決定に関与したり、業務執行機関に対する監督という、特別の役割を担っていますから、株式会社に対して善管注意義務や忠実義務を負っています。そこで、役員がその任務を怠ったときは、株式会社に対し、これによって生じた損害を賠償する責任を負い（同法423条）、また、役員がその職務を行うについて悪意又は重過失があったときは、当該役員はこれによって第三者に生じた損害を賠償する責任を負います（同法429条）。

　それでは、取締役や監査役にいかなる行為があったときに善管注意義務違反となるのでしょうか。

　会社法において、株式会社の株主は、少なくとも剰余金配当受領権又は残余財産分配権の一方を強行法規的に保障されており（同法105条2項）、これにより、株式会社が、対外的経済的活動で利益を得て、当該利益を構成員（株主）に分配することを目的とする法人であることを示すものであると解され、当該目的が「営利」の目的と呼ばれています。株式会社においては、このような意味の営利を目的とするところから、対外的経済的活動における利潤最大化を始めとする「株主の利益の最大化」が、会社を取り巻く関係者の利害調整の原則となります。この原則の具体的効果の一つとして、取締役の善管注意義務とは株主利益の最大化を図る義務を意味することが導かれるといわれて

います。もっとも、会社債権者の利益を犠牲にしての株主利益の最大化は一定の場合には違法となり得るうえ、公益の保護を目的とする規定（刑法、独占禁止法等）に反する手段で株主利益の最大化を追求する行為は取締役の善管注意義務違反の責任を生じさせることがあります。

株主代表訴訟に関する裁判例では、平成18年に入り、取締役の責任に関する裁判例の判断が厳しくなってきています。

まず、J社最高裁判決[1]においては、いわゆる仕手筋として知られる者が、J社株式を反社会的勢力の関連会社に売却するなどJ社の取締役らを脅迫した場合において、会社経営者としては、そのような株主から株主の地位を濫用した不当な要求がなされた場合には、法令に従った適切な対応をすべき義務を有するものというべきであるとし、警察に届け出るなどの適切な対応をすることが期待できないような状況にあったということはできないとして、当該者の要求に応じて金300億円を交付することを提案し又は同意した取締役らには善管注意義務違反が認められるとし、同社取締役らの責任を否定した高裁判決が逆転されました。

また、D社訴訟第二審判決[2]は、D社が経営するドーナツ等を販売するフランチャイズ店において、人の健康を損なうおそれのない場合として厚生労働大臣が定めたもの以外の添加物を含んだ商品が販売されたこと等に関し、同社の株主が、同社の代表取締役や取締役に対して株主代表訴訟を提起した事件において、被告である代表取締役や取締役には、当該違法添加物の混入という事実を積極的には公表しないという方針を採用し、消費者やマスコミの反応をも視野に入れたうえでの積極的な損害回避の方策の検討を怠った点において、善管注意義務違反があるとしました。同判決は、現に行われてしまった重大な

---

*1) 最高裁平18．4．10判決（金融商事判例1240号12頁）
*2) 大阪高裁平18．6．9判決

違法行為によってD社が受ける企業としての信頼喪失の損害を最小限度に止める方策を積極的に検討することこそが、そのとき経営者に求められていたことは明らかであるとし、一審被告らがそのための方策を取締役会で明示的に議論することもなく、自ら積極的には公表しないなどというあいまいで成り行き任せの方針を、手続的にもあいまいなままに黙示的に事実上承認したのであり、これは、到底、経営判断というに値しない、として経営判断原則の適用を否定し、取締役の責任を認めました。

また、監査役の権限と義務、及び、監査役会の活動の内容は、下表のとおりです。

■監査役の権限と義務

| I 総論 | | 違法性監査権 | 原則として、業務執行の適法性（法令定款違反）の監査に限られる。限定された問題についてのみ、不相当又は著しく不当な事項を指摘できるにとどまる（会社法384条、会社法施行規則129条1項5号、131条1項2号）。 |
|---|---|---|---|
| | | 独任制 | 監査役は各自が単独で権限を行使できる。監査役会が存在する場合でも、監査役会の多数決のうえで権限を行使するのではない。 |
| II 具体的権限 | | | |
| | 1 調査権限 | 報告請求権・業務財産調査権 | 報告請求権、業務財産調査権（同法381条2項、976条5号） |
| | | 子会社調査権 | 報告請求権、業務財産調査権（同法381条3項、976条5号） |
| | 2 是正権限 | 違法行為の阻止 | 取締役の違法行為差止請求権（同法385条1項） |
| | | 会社・取締役間の訴訟 | 会社が取締役に対して訴訟提起する場合、監査役がその訴えについて会社を代表する（同法386条1項）。<br>株主代表訴訟提起前の、株主の会社に対する提訴請求について、監査役が受ける（同法386条2項）。 |
| | | 取締役の責任の一部免除等への同意 | 次の議案を株主総会に提出する場合には、監査役の同意を要する。<br>①監査役選任議案（同法343条1項）<br>②取締役の会社に対する責任を一部免除する議案（同法425条3項1号）<br>③取締役会の決定により取締役の会社に対する責任の一部免除ができる旨の定款変更議案を総会に提出する場合、責任免除につき取締役の同意を得 |

会社法　123

| | | | |
|---|---|---|---|
| | | | る場合、責任免除議案を取締役会に提出する場合（同法426条2項）<br>④社外取締役の会社に対する責任につき責任限定契約を締結できる旨の定款変更議案を総会に提出する場合（同法427条3項） |
| | | 各種の訴え・申立て | 株主総会決議取消しの訴え（同法831条1項）等を提起することができる。 |
| 3 | 報告権限 | 監査報告の作成 | 各事業年度ごとに監査報告を作成し（同法381条1項、436条1項、同法規則129条、会社計算規則150条、155条）、それは株主・会社債権者・親会社社員の閲覧等に供される（同法437条、442条）。 |
| | | 株主総会提出議案・書類の調査・報告 | 取締役が株主総会に提出しようとする議案等を調査し、法令定款に違反し又は著しく不当な事項があるときは、その調査の結果を報告することを要する（同法384条）。 |
| Ⅲ | 義務 | 監査の環境整備義務 | 監査役は、会社・子会社の取締役・使用人等との意思疎通、情報の収集、監査の環境整備に努める義務がある（同法規則105条2項・4項）。 |
| | | 取締役会への出席義務 | 取締役会・監査役会への出席義務（同法383条1項） |

■監査役会の活動

| | | | |
|---|---|---|---|
| Ⅰ | 構成 | 合計3名以上。常勤監査役1名以上、社外監査役過半数以上。 | 常勤監査役を、2社以上兼任することはできない。 |
| Ⅱ | 活動 | | |
| 1 | 総論 | 独任制（原則） | 監査役会設置会社においても、原則として監査役の独任制は維持されている。監査役会の機能は、各監査役の役割分担を容易にしかつ情報の共有を可能にすることにより、組織的・効率的監査を可能にすることにとどまる。 |
| | | 独任制（例外） | ①監査役会監査報告の監査意見は、多数決により形成される（同法393条1項）。ただし、ある事項に関する監査役会監査報告と監査役監査報告の内容が異なる場合には、各監査役は、監査役会監査報告に、自己の監査役監査報告の内容を付記することができる（同法規則130条2項後段。なお、会社計算規則151条2項後段、156条2項後段参照）。<br>② 監査役や会計監査人の選任議案の同意権は、 |

| | | | |
|---|---|---|---|
| | | | 過半数の同意により形成される（同法343条1項、344条1項）。 |
| 2 | 具体的権限 | 各監査役の職務の執行に関する事項の決定 | 監査役会は、監査方針、会社の業務・財産の状況の調査方法、その他の監査役の職務執行に関する事項を定めることができる（同法380条2項3号）。 |
| | | 監査役会監査報告の作成 | 各監査役の報告（監査役監査報告）に基づき、監査役会監査報告が作成される（同法390条2項1号、同法規則130条1項・3項、会社計算規則151条、156条）。 |
| | | 監査役の選任への関与 | 監査役会に同意権がある（同法343条1項、3項）。 |
| | | 会計監査人の選任・解任への関与 | 会計監査人の選任議案が株主総会に提出される際、当該議案について監査役会の同意権がある（同法344条1項1号・3項）。監査役会は、会計監査人の解任権を有する（同法340条）。 |
| 3 | 運営 | 招集権者 | 各監査役が招集可（同法391条）（cf. 取締役会の場合は通常、代表取締役が招集をすることが多い。同法336条）。 |
| | | 招集手続 | 取締役会と同様（一週間前までに通知を発送。監査役全員の同意あるときは、招集手続省略可。）。 |
| | | 議事録 | 取締役会議事録と同様。 |
| | | 決議方法 | 監査役の過半数で行う（同法393条1項）。取締役会決議と異なり、書面決議や電子メール決議は不可（密接な情報共有による組織的・効率的監査を実現できなくなるため）。 |
| | | 監査役全員の同意を要する場合（緊急を要する場合があるから、監査役会決議を要しないが、ともかく監査役全員の同意が必要である。） | ①会計監査人の解任（同法340条2項・4項）<br>②取締役の会社に対する責任の一部免除等の議案の提出（同法425条3項、426条2項、427条3項）<br>③株主代表訴訟につき会社が被告側に補助参加する申出をすること（同法849条2項1号） |

## 2 会社法上の内部統制

### (1) 会社法における内部統制

　平成17年会社法では、委員会設置会社及び大会社（資本金5億円以上等の株式会社）について、株式会社の業務の適正を確保するための体制（会社法及び会社法施行規則に「内部統制」という用語はどこにも登場しませんが、一般にこの体制は「内部統制」と呼ばれています。）の整備が義務付けられています（同法348条4項、362条5項、416条）。

　会社法上、内部統制整備義務は委員会設置会社と大会社に課されているのみですが、委員会設置会社及び大会社が自己のリスク管理のために外部委託先企業に対して内部統制の整備を求めていくことが今後予想されることから、委員会設置会社及び大会社以外の会社であっても、大企業との取引を継続して受注していくために自己の内部統制を整備することが必要とされる場合が予見されるところです。

　内部統制の内容は、事業報告の記載事項（同法規則118条2号）であり、毎年、株主総会に提出しなければなりません。

■内部統制システム整備義務の対象会社

| 商法の旧規定 | 会社法 |
| --- | --- |
| 委員会等設置会社のみに義務付け | 委員会設置会社に義務付け |
|  | 大会社に義務付け |
|  | 中小会社も可能 |

　D 行ニューヨーク支店株主代表訴訟判決[*3)] では、取締役の内部統制システムを整備する義務が取締役の善管注意義務の内容をなす

---

＊3）大阪地裁平12.9.20判決

という判決が出されましたが、この判決において責任を認められた取締役は、NY支店担当の取締役、検査部担当の取締役、NY支店に往査に赴いた監査役でした。これは、裁判所が、具体的な予見可能性があった役員に限定して責任を認めたことに基づくものと思われます（過失＝予見可能性）。

　しかしながら、会社法施行後においては、大会社一般の取締役会における内部統制整備義務が明定されたことにより、取締役会で内部監査（検査）マニュアルについて審議検討のうえ決議していなければ、それだけで取締役全員が内部統制整備義務違反となるおそれがあると思われます。また、取締役会でその承認決議を経たとすれば、その内部監査（検査）マニュアルに瑕疵があったわけですから、やはり、取締役全員の責任となる可能性があると考えられます。

## (2) 会社法施行規則が定める内部統制ルール

内部統制ルール（会社法施行規則98条、100条、112条）

|  | 取締役会設置会社 監査役設置 | 取締役会設置会社 監査役非設置 | 取締役会非設置会社 監査役設置 | 取締役会非設置会社 監査役非設置 | 委員会設置会社 |
|---|---|---|---|---|---|
| 取締役（執行役）の職務の執行が法令及び定款に適合することを確保するための体制（会社法362条4項6号、348条3項4号、416条1項1号ホ） | ○ | ○ | ○ | ○ | ○ |
| 取締役（執行役）の職務の執行に係る情報の保存及び管理に関する体制 | ○ | ○ | ○ | ○ | ○ |
| 損失の危険の管理に関する規程その他の体制 | ○ | ○ | ○ | ○ | ○ |
| 取締役（執行役）の職務の執行が効率的に行われることを確保するための体制 | ○ | ○ | ○ | ○ | ○ |
| 使用人の職務の執行が法令及び定款に適合することを確保するための体制 | ○ | ○ | ○ | ○ | ○ |
| 株式会社並びにその親会社及び | | | | | |

会社法

| | | | | | |
|---|---|---|---|---|---|
| 子会社から成る企業集団における業務の適正を確保するための体制 | ○ | ○ | ○ | ○ | ○ |
| | | | | | |
| 監査役がその職務を補助すべき使用人を置くことを求めた場合における当該使用人に関する体制 | ○ | | ○ | | |
| 前号の使用人の取締役からの独立性に関する事項 | ○ | | ○ | | |
| 取締役及び使用人が監査役に報告をするための体制その他の監査役への報告に関する体制 | ○ | | ○ | | |
| その他監査役の監査が実効的に行われることを確保するための体制 | ○ | | ○ | | |
| | | | | | |
| 取締役が2人以上ある場合において、適正に業務の決定が行われることを確保するための体制 | | | ○ | ○ | |
| 取締役が株主に報告すべき事項の報告をするための体制 | | ○ | | ○ | |
| | | | | | |
| 監査委員会の職務を補助すべき取締役及び使用人に関する事項 | | | | | ○ |
| 前号の取締役及び使用人の執行役からの独立性に関する事項 | | | | | ○ |
| 執行役及び使用人が監査委員会に報告をするための体制その他の監査委員会への報告に関する体制 | | | | | ○ |
| その他監査委員会の監査が実効的に行われることを確保するための体制 | | | | | ○ |

① 取締役（執行役）及び使用人の職務の執行が法令及び定款に適合することを確保するための体制

平成18年3月から5月にかけて内部統制を決議した上場企業のうち949社の決議内容が東京証券取引所HPの「適時開示情報閲覧情報サービス」に掲載されましたが、その調査結果[*4)]

によれば、(イ)統制環境面として、行動指針・社長の経営理念の策定（77.3％）、コンプライアンス委員会の設置（43.6％）、コンプライアンス教育・研修（32.0％）、コンプライアンス担当（責任者）の任命（23.9％）、コンプライアンス担当事務局の設置（18.5％）、(ロ)情報と伝達面として、内部統制通報窓口の導入（53.3％）、コンプライアンス状況についての代表取締役・取締役会への報告（25.9％）、コンプライアンス状況についての監査役会への報告（16.7％）、(ハ)監視活動面として、内部監査部門によるコンプライアンス監査（36.7％）が挙げられました。

コンプライアンスと倫理の関係については、伝統的にCompliance or rules-based approach と Ethics or value-based approach があります。

米国では、1970年代の大統領選に関するメキシコ経由の違法献金事件、ロッキード事件等を契機として成立した1977年海外不正行為防止法、1986年の企業倫理に関する防衛産業イニシアティブ（DII）により防衛産業における従業員への倫理トレーニングが開始されたこと等の後、1991年連邦量刑ガイドラインが企業に対し企業内倫理プログラムを構築するインセンティブを付与したことによって、多くの大企業で corporate ethics officers の雇用が開始され、1992年には Corporate Ethics Officer 協会が設立されるに至りました。また、有力な学説は、狭義の法令遵守とインテグリティ（integrity、誠実性）を対比し、組織の法令遵守活動を、単なる形式的な合法性から、道徳性に発展せしめようとしました[*5]。かかる Integrity アプローチの

---

＊4）鳥羽至英「会社法下における内部統制システム構築への船出」『月刊監査役』（日本監査役協会、平成19年1月号）
＊5）Paine, L.S.（1994）"Managing for Organizational Integrity", *Harvard Business Review* March-April 1994: 106

主張は1990年代を通じて普及していき、その後コンプライアンスを単なる形式的な法令遵守のみならず倫理遵守を包含して主張されることが多くなっていきましたが、1990年代では依然として compliance-based program と value-based program 間の論争が続いていました。

　しかしながら、全米7位の売上高を誇るエンロン社の倒産事件（2001年）等が経営陣の企業倫理欠如を端緒としたことから、連邦法であるサーベインス・オクスリー法（2002年）は406条に倫理規定を設けています。これにより、SEC は、SEC 登録会社に対し、財務担当役員等に適用される倫理規程（code of ethics）を設けているか否かについて開示することを求め、倫理規程を設けていない会社はその理由を説明することを求める規則を設けることとなり、SEC は当該倫理規程の採択についての開示を求めること等に関する規則を制定しました（SEC Regulation S-K Item406）。

　また、日本経済団体連合会の企業行動憲章（平成16年改定）第9条に、企業倫理遵守規定が設けられています。

② 取締役の職務の執行に係る情報の保存及び管理に関する体制

　上記949社の内部統制決議内容の調査結果によれば、「取締役の職務の執行に係る情報の保存及び管理に関する体制」は、㈥文書管理規程の整備・見直し（89.7％）、㈲情報管理に従事する責任部署・担当者及びこの領域を取り扱うガバナンスレベルでの会議・委員会の設置、㈦IT を基礎においた情報データ体制の編成、㈡データベースの状況報告体制・情報セキュリティ管理体制に大別されました。

　知識が唯一の資源であることが新しい社会の特徴であるとされる[*6] ように、21世紀の今日、企業内の知識と情報は、企業

---

＊6）ドラッカー『ポスト資本主義社会』（1993年）

価値を生み出す最重要要素となっています。組織的知識創造論によれば、人間の知識には形式知と暗黙知があり、暗黙知と形式知が相互作用するときこそイノベーションが生まれます。

　企業の秘密情報を保護するための立法である不正競争防止法は、平成５年にひらがな化し全面改正されましたが、その後、日本企業の国際的競争力を強化する等の見地から、頻繁に改正されてきました[*7]。

　個人情報の保護については、個人情報保護法（平成17年４月施行）、及び、民間事業者・行政機関・独立行政法人を対象とする個人情報保護ガイドライン（平成18年12月現在、35のガイドラインが存在しています。）が定められています。

　平成10年から日本情報処理開発処理協会が運用しているプライバシーマークについては、平成18年８月、プライバシーマーク付与認定事業者が5,000社を超えるに至りました。プライバシーマークを取得するためには、個人情報保護マネジメントシステム要求事項の規格であるJISQ15001に適合した個人情報保護体制（個人情報保護マネジメントシステム）の構築が必要です。平成18年５月、JISQ15001が改正され、これにより、平成18年11月以後におけるプライバシーマークの新規申請及び更新は、改正されたJISQ15001:2006に準拠しなければならないこととなりました。

　情報を電子文書として保存する場合の仕方としては、民間事

---

[*7] 平成５年改正：不正競争行為の類型拡充、損害賠償額の推定規定の新設等、平成11年改正：デジタルコンテンツ保護の観点から技術的制限手段に係る不正行為を規制、平成13年改正：ドメイン名の不正取得等行為の規制等、平成15年改正：営業秘密の刑事的保護の導入、民事的救済措置の強化等、平成16年：外国公務員贈賄罪について国外犯も処罰の対象とするための改正、秘密保持命令の導入、営業秘密が問題となる訴訟における公開停止の要件・手続の整備、営業秘密の保護の強化及び侵害行為の立証の容易化のための改正、平成17年改正：営業秘密の刑事的保護の強化、模倣品・海賊版対策等、平成18年改正：秘密保持命令違反罪に係る刑事罰の強化、商品形態模範行為への刑事罰の強化。

会社法　131

業者等が行う書面の保存等における情報通信の技術の利用に関する法律（いわゆるe文書法）及びその整備法（平成17年より施行）があります。書面で作成された文書をスキャナ等で電子化する場合に、個別の法令が求める一定の技術要件を満たせば、原本に代わるものとみなすことができます。ただし、緊急時に即座に確認する必要がある文書や金3万円以上の領収証等については、電子文書としては保存できないものとされています。電子化された情報の正当性を維持する方法として、電子署名（平成12年電子署名法）やタイムスタンプ[*8]があります。

　文書の保存期間については、株主総会議事録、取締役会議事録、監査役会議事録、商業帳簿、製品の製造・加工・出荷・販売の記録については10年（会社法、製造物責任法）、貸借対照表、損益計算書、注文書・見積書・契約書の控え、仕訳帳・総勘定元帳等の帳簿、棚卸表は7年（所得税法、法人税法）、雇用保険被保険者に関する書類は4年（雇用保険法）、労働者名簿、雇用・解雇・退職に関する書類は3年（労働基準法）とされています。

③　損失の危険の管理に関する規程その他の体制

　上記949社の内部統制決議内容の調査結果によれば、「損失の危険の管理に関する規程その他の体制」は、(イ)リスク管理組織の設置（40.2％）、(ロ)リスク管理方針の設定（31.5％）、(ハ)緊急危機管理体制（19.5％）、(ニ)リスク管理の監査（17.3％）、(ホ)リスク管理の監査結果の報告（11.4％）、(ヘ)リスク管理責任者の設置（10.4％）に大別されました。また、持株会社体制を採用している企業のリスク管理体制は、持株会社が直接リスク管理体制を構築し子会社は持株会社のリスク管理体制を受けて対応するという体制と、原則としてリスク管理は子会社に委ね重大

---

[*8]　平成17年1月31日財務省令第1号

な経営危機や重大なリスクについてのみ持株会社が管理するという体制に分かれます。

　事業リスクマネジメントの必要性が高まった背景として、以下の4点の経営環境の変化が挙げられています。
(ⅰ) 規制緩和の進展：規制緩和が進み、自己責任に基づく事後規制へと社会的枠組みが変わっていく中で、企業がそれぞれの判断でリスクを管理し、収益を上げていくことが必要となってきます。
(ⅱ) リスクの多様化：急速な技術進歩、事業の国際化、事業展開のスピードアップ等に加えて、環境問題等の新たな社会規制がリスクをより多様なものにしています。
(ⅲ) 経営管理のあり方の変化：当事者間の暗黙の了解や信頼関係のみに依存した経営管理のあり方に限界が生じてきています。
(ⅳ) 説明責任の増大：市場経済が進展していく中で、リスクの特定、評価や対応を怠った場合、広範なステークホルダーに損害を与えるとともに、市場の信頼を失い、企業自らも厳しいペナルティを受けることになります。

　すなわち、外部環境としてリスクが多様化している中で、各企業には自己責任に基づいたリスクマネジメントの必要性が生じており、そのリスクマネジメントに関しての取組みをステーク・ホルダーに適切に説明する責任が高まっていることが事業リスクマネジメントの普及が望まれる理由です。

　平成15（2003）年4月以降、上場会社等が作成する有価証券報告書において「事業等のリスク」に関する情報の開示が適用されています。この点、企業内容等の開示に関する内閣府令第二号様式　記載上の注意（32-2）では、投資者の判断に重要な影響を及ぼす可能性のある事項を記載することとしており、平成18年3月期の有価証券報告書では、「市場・相場等の不確

実性」「海外の事業展開」「競合」「見積・評価」「製品の欠陥等」「法的規制等の変更による制約」「自然災害、紛争」「情報セキュリティ」に関する記載が多く存在しました。

④ 取締役の職務の執行が効率的に行われることを確保するための体制

　上記949社の内部統制決議内容の調査結果によれば、(イ)社内業務規程などに関する体制（57.8％）、(ロ)経営・業務管理手法に関する体制として、経営会議の開催（45.5％）、事業計画の編成（36.2％）、予算管理制度（21.8％）、業績管理（12.1％）、(ハ)人事組織・会議に関する体制として、執行役員制度の導入（31.0％）、役員ミーティングの開催（10.9％）に大別されました。

　近年、コーポレート・ガバナンスの中心的問題として、トップマネジメントの問題が活発に論じられています。従来、日本の大企業では、取締役数の多さが取締役会の形骸化を象徴してきましたが、特に1990年代以降、多くの日本企業が機動的で質の高い戦略的な意思決定を目指した改革に取り組むようになりました。その代表例が、1997年にある大企業が導入した執行役員制度であり、取締役数の削減です。

⑤ 企業集団における業務の適正を確保するための体制

　上記949社の内部統制決議内容の調査結果によれば、(イ)親会社（執行）レベルでの対応として、内部監査部門による監査（42.3％）、子会社・関係会社管理規程の設定（37.7％）、コンプライアンス委員会の設置（26.5％）、グループ・マネジメントの導入（25.1％）、親会社への報告（17.3％）、使用人兼務役員の派遣（12.6％）、一般管理部門によるグループ会社の管理（11.0％）、(ロ)監査（監査役）レベルでの対応として、親会社監査役によるグループ会社監査（10.1％）が挙げられました。

　企業は、経済環境の変化に対応して、既存の事業ポートフォリオの見直しという課題に直面しています。すなわち、従来分

社化されていた事業を中核事業と位置付けて本社に統合しシナジー効果を生み出すという場合がある一方、既存の事業ポートフォリオを分社化する場合があります。例えば、専門性を高めて経営資源を重点的に投下するための分社化、権限委譲を促進させることによって意思決定の迅速化を図るための分社化、グループ企業に共通のサービスを提供する業務を行うための機能分社化、日本企業の苦手な事業戦略撤退を遂行するための分社化などがあります。この場合、親会社は、子会社に対するガバナンス構造をどのように設計すべきでしょうか。

この点、次のように子会社に対するガバナンスの構造を、権限、責任、モニタリングの3要素の組み合わせとして捉えてこの問題を考える研究があります[*9]。

すなわち、多角化が進むにつれて、さまざまな事業を管理するために必要となる情報の量、範囲、複雑性が拡大するため、親会社（本社）がこれを収集して適切に管理することは困難となり、下位のユニットに、事業レベルの意思決定の権限を委譲することが合理的となります。しかしながら、他方、各事業ユニットは、親会社の目が届かないことをいいことに、機会主義的行動に走り、事業ユニットとしての私的便益を追求するという、モラルハザードが起こり得ます。こうした機会主義的行動を抑止するためには、子会社に大きな結果責任を負わせる方策が考えられます。このように、権限と責任を補完関係に置き、子会社に「大きな権限」を付与する代わりに「大きな責任」を与え、又は、子会社に「小さな権限」を付与する代わりに「小さな責任」を与えることとします。

それでは、子会社に付与する権限と責任がともに増大又はと

---

[*9] 伊藤・菊田・林田「第8章　子会社のガバナンス構造とパフォーマンス」伊藤秀史編著『日本企業　変革期の選択』（東洋経済新報社、平成14年）

もに縮小させるとき、親会社の子会社に対するモニタリングをどのように考えれば、子会社のパフォーマンスは向上するのでしょうか。

　モニタリングは、権限及び責任と代替関係にあるという代替性仮説（大きな権限・大きな責任・弱いモニタリング、又は、小さな権限・小さな責任・強いモニタリング）と、権限及び責任と補完関係にあるという補完性仮説（大きな権限・大きな責任・強いモニタリング、又は、小さな権限・小さな責任・弱いモニタリング）が存在しますが、近時の実証研究によれば、子会社のパフォーマンス向上の点において、補完性仮説の妥当性が示されています。

⑥　監査役監査の環境整備に関する体制

　会社法施行規則には、監査役監査の環境整備を確保するためのルールが置かれています。監査役には、監査のための環境整備に努力すべき義務（同法規則105条2項前段）、監査役監査の実効性確保のための体制決議の相当性を判断すべき義務（同法規則129条1項5号など）が、他方、取締役・取締役会側には、監査役の職務執行に必要な体制の整備に留意すべき義務（同法規則105条2項後段）、監査役監査の実効性確保のための体制を整備すべき義務（同法規則100条3項）が、課せられています。

　内部統制ルールとしての監査役監査の環境整備に関する体制として、(イ)監査役がその職務を補助すべき使用人を置くことを求めた場合における当該使用人に関する事項、(ロ)前号の使用人の取締役からの独立性に関する事項、(ハ)取締役及び使用人が監査役に報告をするための体制その他の監査役への報告に関する体制、(ニ)その他監査役の監査が実効的に行われることを確保するための体制が定められています（同法規則98条3項、100条3項）。

(イ)　監査役がその職務を補助すべき使用人を置くことを求めた

場合における当該使用人に関する事項

　上記949社の内部統制決議内容の調査結果によれば、監査役監査専門部署（監査役室・監査役会事務局）の設置(10.0%)、監査役専任スタッフ（監査役付）の設置(11.2%)、監査役の要請に基づいて監査役補助者を設置するが(62.4%)そのうち監査役会と取締役会が協議して決する(24.8%)、監査役が利用できる監査補助者の所属部署を特定している(22.9%)という結果が示されています。

㈹　前号の使用人の取締役からの独立性に関する事項

　上記949社の内部統制決議内容の調査結果によれば、監査役スタッフ人事に対する監査役会の承認・事前の同意・協議・尊重・変更の申し入れ・意見具申(51.7%)、監査役が監査スタッフに指示した補助業務については、執行側の指揮命令系統に入らない(28.3%)、監査役が内部監査スタッフに指示した補助業務については、執行側の指揮命令系統に入らない(15.5%)が挙げられました。

㈻　取締役及び使用人が監査役に報告をするための体制その他の監査役への報告に関する体制

　会社法では、取締役は会社に著しい損害を及ぼすおそれのある事実を発見したときは直ちにその事実を監査役・監査役会に報告しなければならないとされていますが（同法357条1項、2項）、ここではそれ以外の場合を含む報告体制をいうものと考えられます。

　上記949社の内部統制決議内容の調査結果によれば、(i)監査役会（監査役）に報告すべき事項・提出すべき書類の特定化に関する事項として、会社及び会社グループに著しい損害を及ぼすおそれのある事項(48.6%)、（重大な）法令及び定款違反(36.4%)、会社及び会社グループの経営（業績・財務・業務）に著しい影響を及ぼすおそれのある事項(35.4%)、

会社法　137

内部監査の結果と内部監査の実施状況（監査計画を含む）(30.0%)、重要な経営会議での審議事項・決定事項・重要会議議事録・稟議書・内部通報情報・税務資料・外部監査結果資料等(27.0%)、内部通報情報・内部通報制度の運用状況(22.1%)、取締役・従業員の不正(17.1%)、取締役会が規程等で「監査役への連絡事項」として定めた事項・監査役が報告を特に求めた事項(16.1%)、コンプライアンス上重要な事項（CSR関連事項を含む）(10.9%)、(ii)取締役会が決議した監査役会（監査役）への情報の伝達チャネルと監査役の情報入手体制として、従業員から監査役会・監査役への直接的通報体制等、(iii)監査役自身が情報の入手を確保するための体制として、監査役による重要な会議への出席(37.2%)が挙げられました。

　㈡　その他監査役の監査が実効的に行われることを確保するための体制が定められている（同法規則98条3項、100条3項）

　　　上記949社の内部統制決議内容の調査結果によれば、(i)監査役が定期的情報交換をする相手方として、代表取締役(45.6%)、会計監査人(41.9%)、内部監査部門(18.7%)、(ii)社内での監査役監査支援体制として、内部監査部門・会計監査人・各社監査役・顧問弁護士等との連携(39.2%)、監査役会（監査役）の判断による外部専門家の起用(14.5%)、コンプライアンス委員会・経営戦略会議・CSR委員会等の重要な会議への出席権の保障が挙げられました。

⑦　委員会設置会社における体制

　㈤　監査委員会の職務を補助すべき取締役及び使用人に関する事項

　　　監査委員会の職務を補助すべき取締役とは、例えば、監査委員会が社外取締役のみで構成されている場合において、当該監査委員会の情報収集活動に協力することを職務とする取

締役や、監査委員会を始めとした各委員会相互間の情報共有に寄与することを職務とする取締役等が考えられます。

(ロ)　その他監査委員会の職務が実効的に行われることを確保するための体制

　例えば、委員会設置会社においても、取締役の職務の執行に係る情報の保存及び管理に関する体制を整備すること等が考えられます。

世界における内部統制の動きは、次表のとおりです。

内部統制

| | 米国 | 日本 | |
|---|---|---|---|
| | | 証券取引法・金融商品取引法 | 証券取引所の規則 |
| 1929 | 世界大恐慌 | | |
| 1932 | Berle and Means「近代株式会社と私的財産」 | | |
| 1933 | 証券取引法 | | |
| 1934 | 証券取引所法 | | |
| 1948 | | 証券取引法成立 | |
| 1992 | COSO「内部統制に関するフレームワーク」<br>3つの目的<br>5つの基本的要素 | | |
| 1998 | | | |
| 1999 | | | |
| 2000 (H12) | | | |
| 2001 (H13) | エンロン社（米国最大の天然ガス卸売会社）不正会計と倒産 | | |
| 2002 (H14) | ●6月　ワールドコム社倒産<br>●7月　証取法改正法としてのSarbanes-Oxley法<br>302条「財務報告に係る企業責任」…ＣＥＯ等の宣誓書<br>404条「財務報告に係る内部統制」…経営者による内部統制評価、及び、監査人による内部統制監査 | | |
| 2003 (H15) | | 「企業内容等の開示に関する内閣府令」の改正<br>●確認書<br>代表者は、「有報等に記載された事項が適正であると確認し、その旨を記載した書面（＝確認書）」を、当該有報等に添付することができる（任意の制度）。（有価証券報告書：開示府令17条１項１号ヘ、半期報告書：開示府令18条２項、有価証券届出書：開示府令10条１項１号ト）（米国ＳＯＸ法302条に類似）<br>●有報等における「コーポレートガバナンスに関する情報」「リスクに関する情報」「経営者による財務、経営成績の分析」についての開示の充実が要請された。 | |

の動き

| 会社法 | 経済産業省 | 欧州 |
|---|---|---|
| | | |
| | | |
| | | |
| | | |
| | | キャドバリー報告書(Code of Best Practice) |
| | | グリーンベリー報告書 |
| | | ●ハンペル報告書<br>●バーゼル「銀行組織における内部管理体制のフレームワーク」(→1999 金融庁の金融検査マニュアルへ) |
| | | ＯＥＣＤ：コーポレートガバナンス原則 |
| Ｄ行 ＮＹ支店損失事件（株主代表訴訟）第一審判決（大阪地裁）：「取締役は、リスク管理体制（いわゆる内部統制システム）を整備する義務があり、これは、善管注意義務及び忠実義務の内容となっている。」 | | |
| | | |
| Ｋ社 利益供与事件（株主代表訴訟）「取締役は、利益供与のような違法行為や裏金捻出行為が社内で行われないよう内部統制システムを構築すべきである。」 | | |
| | | |

会社法　141

| 年 | | | |
|---|---|---|---|
| 2004<br>(H16) | ●PCAOBが監査基準1号から3号を作成し、SECが承認。<br>1号：監査人の報告書におけるPCAOB基準に対する言及<br>2号：財務諸表監査に関連して実施される財務報告に係わる内部統制の監査<br>3号：監査調書（監査人が作成及び保持することを義務づけられている文書に関する一般的要件を定める）<br>●COSO「Enterprise Risk Management Framework」　4つの目的と、8つの基本的要素<br>●11月　NY証券取引所上場会社マニュアル303条A項に定める「コーポレート・ガバナンス基準」の改訂版を、SECが承認。 | ●10月　S社　有価証券報告書虚偽記載事件<br>●金融庁「ディスクロージャー制度の信頼性確保に向けた対応について」 | 東京証券取引所の上場規則改正<br>●宣誓書<br>新規上場時、代表者の異動時、前回提出時から5年経過時、「東証所定の適時開示に係る宣誓書」（適時開示規則4条の4）を提出する。<br>「投資者への会社情報の適時適切な提供について真摯かつ積極的な姿勢で臨むことを、ここに宣誓します。」<br>●確認書<br>有価証券報告書または半期報告書を提出したとき、「有報等に不実の記載がないと認識している旨及びその理由を記載した書面」（有報等の適正性に関する確認書）（適時開示規則10条）を提出する。（→開示府令17条1項等に定める確認書を提出することも可）<br>（平成17年1月1日より強制適用）（米国SOX法302条に類似） |
| 2005<br>(H17) | | ●7月　Ka社　753億円の粉飾決算及び有価証券報告書虚偽記載事件<br>●12月　企業会計審議会「財務報告に係る内部統制の評価及び監査の基準案」<br>4つの目的のうち「財務報告の信頼性」、6つの基本的要素<br>①経営者による「内部統制報告書」（財務報告に係る内部統制の有効性の評価に関する報告書）<br>②監査人による「財務諸表監査」と「内部統制監査報告書」（米国SOX法404条に類似） | |
| 2006<br>(H18) | ●2月　SECが、PCAOB監査基準4号を、承認。<br>4号：過去に報告した重大な欠陥が引き続き存在しているか否かについての報告<br>●SECのRegulation S-Kに新たに407条（コーポレート・ガバナンス）を追加（2006年11月7日より施行） | ●2月　L社を、証券取引等監視委員会が有価証券報告書虚偽記載で告発<br>●2月　上記基準案が、「財務報告に係る内部統制の評価・監査に関する実施基準」に。<br>●6月　同実施基準を盛り込んだ改正証取法成立（4段階で施行。平成19年から金融商品取引法へ改称。） | 1/13 有価証券上場規程等の改正（「コーポレート・ガバナンスに関する報告書」）<br>2/28「コーポレート・ガバナンスに関する報告書」記載要領を公表<br>5/31「コーポレート・ガバナンスに関する報告書」提出 |
| 2007<br>(H19) | 5/24 PCAOBが監査基準5号（監査基準2号の改定）を決定<br>5号：財務報告の監査と統合された財務報告に係る内部統制の監査 | 9月　金融商品取引法施行 | |
| 2008<br>(H20) | | 有価証券報告書提出会社は内部統制報告書の提出義務（平成20年4月より開始する事業年度より）（金融商品取引法24条の4の4、内部統制府令） | 2/4 東証：有価証券上場規程等の改正（反社会的勢力排除のための社内体制整備と、コーポレート・ガバナンス報告書におけるその開示） |

| | | |
|---|---|---|
| D社株主代表訴訟第一審判決 | | ＯＥＣＤ：新・コーポレートガバナンス原則(ただし、内部統制という用語は、原則のなかには出てこない。注釈のなかに出てくるのみである。) |
| 会社法成立 | 「コーポレートガバナンス及びリスク管理・内部統制に関する開示・評価の枠組みについて」 | |
| ●4月　J社株主代表訴訟最高裁判決<br>●5月　「会社法」施行…委員会設置会社と大会社は、内部統制整備義務。<br>「会社法施行規則」施行…内部統制は、事業報告にて開示。<br>●6月　D社株主代表訴訟高裁判決 | | バーゼル：新・「銀行組織にとってのコーポレートガバナンスの強化」 |
| | | |
| | | |

会社法　143

## 3　利益供与

　株式会社は、何人に対しても、株主の権利行使に関し、会社又は子会社の計算において財産上の利益を供与してはなりません（会社法120条1項）。

　この規制に違反して利益供与を行った取締役等には刑罰が課され（同法970条1項。情を知って利益の供与を受け、又は要求した者も同じです。同法970条2項・3項）、かつ、関与した取締役は、供与した利益額に相当する額を連帯して会社に支払う義務を負います（同法120条4項、同法規則21条）。

　この規定は、直接には、上場会社における総会屋への利益供与の根絶を図ることを目的としていますが、規定の文言上は、株主の権利行使に関するものであれば、総会屋以外に対する利益供与にも適用されます。

　利益供与に関する裁判例としては次のようなものがあります。

- 現経営陣に敵対する株主に、株主総会で議決権を行使させないため、同株主の持株を買い取る資金を第三者に供与する行為は、株主の権利の行使に関しなされたものであるとして、利益供与に該当する[10]。
- 従業員持株会に対し会社が福利厚生の一環として支出する奨励金が、無償の供与ではあっても、その金額・議決権行使の方法等から判断し、株主の権利の行使に関するものとは認められない[11]。
- 株主優待乗車券の交付を有利に受けるため株式譲渡の形式を整えた株主に対し会社が便宜をはかった場合につき、株主の権利の行使に関してなされたものではない[12]。

---

＊10）東京地裁平7．12.27判決（判例時報1560号140頁）
＊11）福井地裁昭60．3.29判決（判例タイムズ559号275頁）
＊12）高松高裁平2．4.11判決（金融商事判例859号3頁）

## 4　三角合併（親会社株式を対価として交付する場合）

### (1)　三角合併

いわゆる三角合併の事例においては、「合併」という用語が用いられているものの、下図において示すようにA社B社C社の3社が1つの法人となるわけではなく、B社とC社が合併又は株式交換を行うに際し、合併対価又は交換対価として、親会社株式であるA社株式をB社がC社の株主に交付する結果、A社は結果としてC社を事実上子会社化することとなります。

A、B、Cの3社がともに日本国内の企業である場合、A社がC社を子会社化する方法としては、すでにA社及びC社間での直接の株式交換という方法が存在していることから、日本の親会社が日本の子会社を利用して日本国内での三角合併や三角交換を利用する必要性は高くないと思われます。もっとも、次のような場合は利用価値があると考えられます。

●三角合併

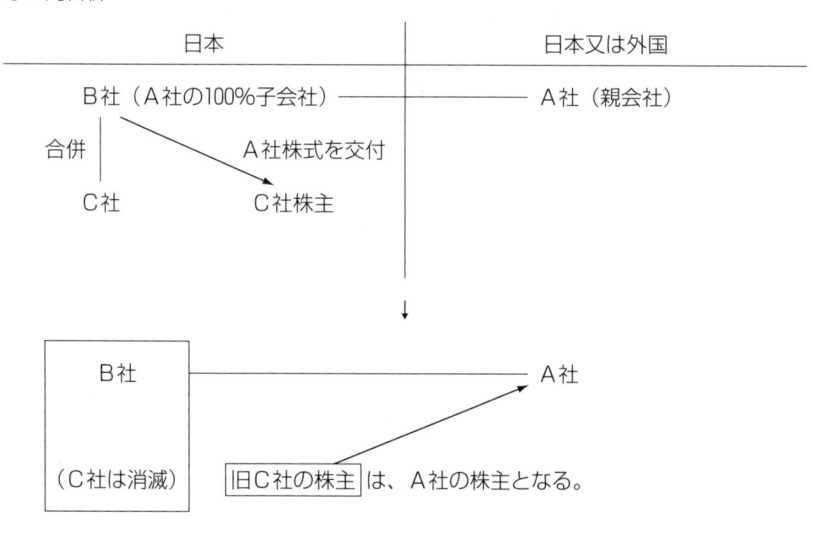

|  日本  |  日本又は外国  |
| --- | --- |
| B社（A社の100％子会社） ──── | A社（親会社） |
| 合併　　　A社株式を交付 |  |
| C社　　　　C社株主 |  |

↓

┌─────────────┐
│　　B社　　　　　　　　　────── A社
│
│（C社は消滅）　　旧C社の株主　は、A社の株主となる。
└─────────────┘

会社法　145

●三角株式交換

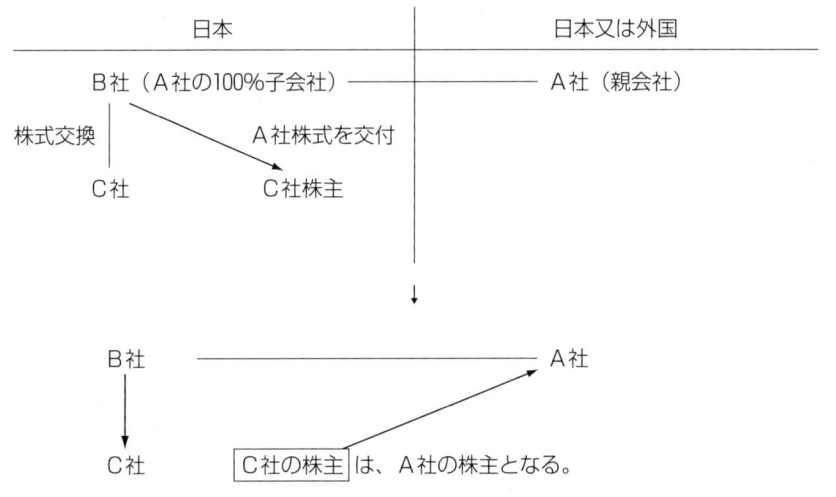

```
              日本                    │     日本又は外国
        B社（A社の100%子会社）─────────── A社（親会社）
株式交換            A社株式を交付
        C社         C社株主
```

↓

```
   B社 ──────────────── A社
    ↓
   C社    C社の株主 は、A社の株主となる。
```

C社は、消滅することなく、B社の100%子会社となる。

（注：B社がA社の100%子会社でないと、C社株主は課税繰延べ措置を受けられない）

　第一に、企業グループ内の再編を行う場合において、持株会社傘下の事業子会社と、同業の事業会社を合併させる場合、旧商法における合併方式に従えば合併対価として事業子会社の株式が交付され完全子会社の状態が崩れることから（すなわち、当該事業子会社株式が対象会社の株主に交付される結果、対象会社の株主も新たに当該事業子会社の株主として登場することとなり、当該持株会社と当該事業子会社間の100％株式保有比率は崩れることとなります。）、いったん、持株会社と対象会社との間で株式交換をしたうえで（すなわち、対象会社の株主に対して持株会社の株式を交付します。）、当該事業子会社と対象会社を合併させる必要がありました。しかし、三角合併を利用すれば、持株会社は、事業子会社を対象会社と合併させる際、対象会社の株主に対し、最初から持株会社の株式を交付することができるのですから、これまでの二段階措置をとる必要はなくなります。

また、持株会社が、傘下の事業子会社の下に、対象会社を孫会社としてぶら下げる形をとりたい場合、旧商法においては、持株会社と対象会社が株式交換を行ったうえで（すなわち、対象会社の株主に持株会社の株式を交付し、持株会社は対象会社の株主から対象会社株式を取得します。）、持株会社が対象会社の株式を傘下の事業子会社に移転させる必要がありました。しかし、事業子会社と対象会社の間で株式交換を行い、事業子会社が対象会社の株主に対し交換対価として持株会社の株式を交付する形態での株式交換（三角株式交換）を行えば、これまでの二段階の措置をとる必要はなくなります。

　第二に、Ａ社がＣ社を子会社化しようとしてＣ社と直接に株式交換を行う場合は、Ａ社における株主総会特別決議、反対株主買取請求権、債権者保護手続という対応が必要となりますが、子会社を通じて三角合併を行えば、Ａ社におけるこれらの手続を行う必要はなくなります。

(2)　子会社による親会社株式の取得

　会社法上、子会社が、親会社である株式会社の株式を取得することは禁止されています（同法135条１項。株式会社とは日本法に準拠して設立された株式会社を意味するので、親会社が日本法人である場合における親会社株式の取得のみが禁止の対象となります。）。

　しかしながら、これには２つの例外があります。

　例外の第一は、子会社が会社法上の組織再編行為に係る合併等対価として親会社株式を用いる場合であり、そのために、当該子会社が能動的にあらかじめ必要数の親会社株式を取得しておき（同法800条１項）、当該組織再編行為の効力発生日までその保有をすることが許容される（同法800条２項）というルールです。

　例外の第二は、子会社が他の会社と組織再編しようとして当該他の会社から資産を承継しようとしたら、偶々、当該資産のなかに親会社株式が含まれており、結果として、親会社株式を取得すること

となる場合です（同法135条2項5号、同法規則23条1号・2号・6号））。

いわゆる三角合併は例外の第一の場合を想定するものですが、外国企業が絡む次のケースの場合における、子会社による親会社株式取得禁止原則（同法135条1項）の適用関係は下表のとおりです。

■子会社による親会社株式取得禁止原則と例外

|  | 子会社 | 親会社 | 子会社による親会社株式取得は原則として禁止されるか | 例外として許容されるか |
|---|---|---|---|---|
| 日本子会社による、日本における三角合併のための日本親会社株式取得 | 日本（注1） | 日本（注2） | 原則禁止（会社法135条1項） | 許容（同法800条） |
| 外国子会社による、外国における三角合併のための日本親会社株式取得 | 外国 | 日本（注3） | 原則禁止（同法135条1項） | 許容（同法135条2項5号、会社法施行規則23条8号） |
| 日本子会社による、日本における三角合併のための外国親会社株式取得 | 日本 | 外国 | 会社法上は規制が存在せず、禁止されていない（注4） | |
|  | 外国 | 外国 | 日本の会社法は適用されない | |

（注1）会社法では、子会社とは会社に支配されているものであり（同法2条3号）、親会社とは株式会社を支配しているものである（同法2条4号）。したがって、子会社は株式会社に限る（同法規則3条2項）。

（注2）株式会社に限る（同法135条1項）。

（注3）親会社とは、株式会社を支配するものであるから（同法2条4号、同法規則3条2項）、外国会社である子会社の経営を支配する日本企業については、そもそも会社法上の親会社という概念は該当しないのが原則である。しかしながら、当該外国会社である子会社の経営を支配する当該日本企業に弊害を発生させるおそれがある。そこで、当該外国会社である子会社は、親会社株式の取得禁止原則に関する限り、「株式会社」（同法2条4号）とみなして（同法規則3条4項）、子会社による親会社株式取得禁止を適用するものとしている。

（注4）同法135条1項は、親会社に生ずる弊害を防止する目的に出たものであるから、親会社が外国会社である場合には、同法135条1項に定める禁止原則は適用されない。同法135条1項には、子会社（外国会社を含む。同法2条3項、同法規則3条、2条3項2号）による、その親会社である「株式会社」の株式の取得を禁止すると

規定されており、親会社は日本の会社であることが前提とされている。相澤哲他編著『論点解説　新会社法』(商事法務、平成18年) 170頁。

また、同法800条の適用として許容されるわけではない。そもそも同法135条1項の取得禁止原則が適用されないうえ、同法800条においては交付される対価が同法135条1項に定める親会社の株式であることが規定されているからである。したがって、この場合には、会社法に定める取得株式数規制（同法800条1項）や保有期間規制（同法800条2項）という制限はない。

### (3) 対価の柔軟化と株主保護

会社法では、対価の内容を含んだ吸収合併等の議案が消滅会社等の株主総会特別決議で承認されれば、当該承認された対価が株主に交付されることとなります。

対価の内容は、消滅会社等における全株主の同意ではなく、総会特別決議で決定されることとなりますから、消滅会社等の少数株主に交付される対価の適正性をどのように確保すべきかが問題となります。

三角合併に際し、Ｃ社での株主総会決議要件を特殊決議に加重することはせず、Ｃ社株主に対する情報開示を充実させることとなり、平成19年4月25日公布の会社法施行規則にて大幅な改正が行われました。Ｃ社の株主に対して事前に開示されるべき事項として記載されるべき事項は次のとおりです。

【事前開示書類の記載事項】
合併等契約書及び会社法施行規則に定める下記事項を、株主に対して株主総会前に事前開示する（会社法782条、平成19年4月25日公布の改正会社法施行規則182条、184条）

| | 合併対価・交換対価の種類 ||||| |
|---|---|---|---|---|---|
| | 存続会社等の株式 | 法人等の株式（存続会社株式を除く）【外国親会社株式を対価とする三角合併】 | 存続会社等の社債、新株予約権、新株予約権付社債 | 法人等の社債、新株予約権、新株予約権付社債（存続会社等の社債、新株予約権、新株予約権付社債を除く） | 左に記載した対価及び金銭以外のもの |
| 【合併等対価の相当性】 | | | | | |
| 総数又は総額の相当性 | | | | | |
| 当該種類を選択した理由 | | | | | |
| 存続会社等と消滅会社等が共通支配下関係にあるときは、消滅会社等の株主（消滅会社等共通支配下関係にある株主を除く）の利益を害さないように留意した事項（注1） | ○ ||||| 
| 【合併等対価について参考となるべき事項】 | | | | | |
| 対価の発行会社 | 定款（注2） | ○ | ○ | | | |
| | 非会社であるときの権利内容 | | ○ | | | |
| | 情報提供の言語 | | ○ | | | |
| | 議決権総数 | | ○ | | | |
| | 未登記の場合、代表者の住所氏名、役員の氏名 | | ○ | | ○ | |
| | 最終事業年度の計算書類（監査報告を含む） | | ○ | | ○ | |
| | 最終事業年度の事業報告（注3） | | ○ | | ○ | |
| | 過去5年間の貸借対照表 | ○ | ○ | ○ | ○ | |
| 対価の換価 | 対価の換価方法（市場、証券会社（注4）、譲渡制限） | ○ | ○ | ○ | ○ | ○ |
| | 対価の市場価格（注5） | ○ | ○ | ○ | ○ | ○ |
| | 対価の払戻し手続 | | ○ | | | |
| これに準ずる事項（注6） | ○ | ○ | ○ | ○ | ○ |
| 【新株予約権の定めの相当性】 | | | | | |
| 【計算書類】 | ○ ||||| 
| 【存続会社等の債務の履行の見込み】 | | | | | |
| 【備置後の変更事項】 | | | | | |

150

(注1）共通支配下という概念は、公開買付け後、多数派主導による不当な条件（少数株主の締め出し等）による合併が、とくに外国株式等を対価とする形で行われ得ることに対する懸念があったことから、そのような二段階買収のような事態を想定して規定されたもの。すなわち、B社の親会社であるA社がC社に対して公開買付けを行いC社株式を取得すると、B社とC社は共通支配下関係にある会社同士ということになり、B社がC社を吸収合併するときは、企業グループ内の会社間の合併ということになる。企業グループ内の会社間の合併等においては、消滅会社等ないしそれらの株主共同の利益よりも、企業グループの親会社や企業グループ全体の利益を優先して、合併等対価の種類や数額が決定されるおそれがある。このように企業グループ内における合併等にあたっては、少数株主への配慮が特に要請されることから、本事項を重要事項の一つとして列挙したものである。具体的には、例えば、合併等対価の決定過程において、企業グループとは全く利害関係がなく独立した立場での評価の実施を期待することのできる第三者機関の評価を求め、これに従って実際の合併等対価を決定したことなどが記載されることが想定される。

(注2）三角合併においては、A社の定款である。

(注3）事業報告において開示される事項と同等の事項を開示することを求める。

(注4）三角合併においては、どの証券会社の窓口に行けば、A社株式を換価できるかという情報である。

(注5）三角合併においては、A社株式の市場価格の動向が掲載されているホームページのURL情報等。

(注6）例えば、対価が取得条項付株式である場合において、取得日を効力発生日又はこれに近接した日に設定したときなど、吸収合併契約又は株式交換契約に形式的に定められた合併等対価以外の財産が実質的な合併等対価となっていると評価すべき場合がある。このように、形式的な合併等対価と実質的な合併等対価が異なる場合には、その実質的な合併等対価となる財産（例えば、取得条項付株式の取得の対価たる財産）についても、会社法施行規則182条4項各号又は184条4項の区分に応じた開示をする必要がある。

(注7）なお、対価が金銭の場合については、金銭の額又は算定方法、金銭の割当てに関する事項等を、合併等契約書において記載すべきことが、会社法749条等に定められている。

〔六川　浩明〕

# 第5章●金融商品取引法

　証券取引法、投資顧問業法、金融先物取引法などが、平成19年9月30日より、金融商品取引法（以下「金商法」）という一つの法律になりました。政令や内閣府令を含めると、改正点は多岐にわたりますが、この金融商品取引法という新しい法律の要点は次のとおりです。

## 1　有価証券概念と金融商品概念

　旧証券取引法は、有価証券の発行や取引を規制する法律であったため、有価証券の概念が基本的概念として存在していました。
　金商法では、有価証券の概念を基本概念としつつも、一定の預金契約、通貨、デリバティブ取引に関連する資産等について金融商品という新しい概念のもとに包括しています。
　有価証券という概念は、有価証券とみなし有価証券という概念に分かれますが（同法2条）、金商法では、みなし有価証券のなかに、信託受益権一般、集団投資スキーム持分などが包括的に含まれることとなり、規制が横断化されています。
　旧証券取引法の規制対象であった有価証券デリバティブ取引、旧金融先物取引法の対象である金融先物取引に加え、金商法では、新たに、金利・通貨スワップ、クレジット・デリバティブ、天候デリバティブについても規制対象に含めています。

## 2　開示規制

　株券などの有価証券について、募集又は売出しの定義に該当することとなる場合、有価証券届出書（同法4条、5条）や有価証券報告書（同法24条）による公衆縦覧型（同法25条）の開示規制が課されることと

なります。金商法では、四半期報告書の制度が新たに導入されました（同法24条の4の7）。また、投資家に対する直接開示制度としての目論見書を交付することが必要となります（同法13条）。

　また、近時様々なファンドが組成されていますが、①他者から金銭等の出資・拠出を受け、②その財産を用いて事業・投資を行い、③その事業等から生じる収益等を出資・拠出者に分配する、という3要素を含む仕組みに関する権利を、集団投資スキーム持分といい（同法2条2項5号、6号）、これは流動性に乏しいことから、原則として金商法第2章「企業内容等の開示」に関する規定は適用されません（同法3条3号本文）。これは、集団投資スキーム持分については、有価証券の券面が発行されないこと等から、一般に流動性に乏しく、顧客に対する説明義務に加えて、その情報を公衆縦覧を通じて広く開示する必要性が低いからです。

　ただし、集団投資スキームの出資対象事業が主として有価証券に対する投資を行う事業であるもの（総出資額の50％を超える額を有価証券に投資するもの（同法施行令2条の9）、以下「有価証券投資事業権利等」）である場合には、開示規制が適用されます（同法3条3号イ）。これは、有価証券投資事業権利等の情報は、その集団投資スキームへの直接の出資者等はもとより、証券市場における他の投資家の投資判断にとっても重要な情報であることから、その投資運用の状況について定期的に開示させる必要性が高いと考えられたからです。

　集団投資スキーム持分の募集とは、新たに発行される持分を500名以上の者が所有することとなる場合で、発行価額総額が1億円以上である場合であるとされ（同法2条3項3号、4条1項5号、同法施行令1条の7の2）、集団投資スキーム持分の売出しとは、既に発行された持分を500名以上の者が買い付けることとなる場合で、売出価額総額が1億円以上である場合とされています（同法2条4項2号、4条1項5号、同法施行令1条の8の2）。

　ファンド持分（集団投資スキーム持分）については、500名以上が

所有することとなる場合が募集又は売出しという概念に該当するとされ、有価証券届出書の提出義務があり（同法4条、5条）、その後定期的に有価証券報告書の提出も義務付けられます（同法24条）。また、その募集又は売出しにおいて有価証券届出書を提出していない場合であっても、事業年度末日におけるその所有者数が500名以上の場合には、株券と同様、有価証券報告書の提出が義務付けられます（同法24条1項但書・4号）。

## 3　業者規制

　金融商品取引業は、第一種金融商品取引業、投資運用業、第二種金融商品取引業、投資助言代理業に分かれ、それぞれ登録が必要となります。ただし、適格機関投資家等特例業務に関する特例に該当する場合（適格機関投資家1名以上＋一般投資家49名以下）におけるファンドについては、運営者の登録は不要であり届出をすれば足ります（同法63条）。
　金商法では、同じ経済的機能を有する金融商品・取引には、同じルールを横断的に適用するという考え方から、行為規制も業態を問わず適用することとされています。したがって、規制対象である商品・サービスについては、金商法に定める行為規制が直接に、また、別途業法が存在する業態についてはこれらを準用するか同等の規制を定めることを通じて、金融商品取引業者に適用されることとなります。

## 4　インサイダー取引

　インサイダー取引規制とは、①上場会社の役職員や大株主などの「会社関係者（及び会社関係者から重要事実の伝達を受けた情報受領者）」は、②その会社の株価に重大な影響を与える「重要事実を知って」、③その重要事実が「公表される前に」、④特定有価証券等の売買等を

してはならない、というルールです（同法166条、167条）。これは、投資者保護と証券市場への信頼確保という目的から導かれるものですが、インサイダー取引の規制内容について金商法は旧証券取引法の規制を踏襲しています。

〔六川　浩明〕

# 第6章●公職選挙法・政治資金規正法

　かつて建設業界において公職選挙法や政治資金規正法に係るコンプライアンス問題は、入札談合・贈収賄・建設業法違反などと並んで大きな課題でした。

　近年、政治資金の流れに関する監視強化や政治家等のあっせん行為に関する規制強化、公共調達制度改革等の他、何よりも公共投資の削減の影響もあり、その比率は下降傾向にあると思われます。

　本章では、やや古典的ながら、依然として重要なコンプライアンス問題として、公職選挙法・政治資金規正法の趣旨と概要について述べます。

## 1　公職選挙法

　日本国憲法は、前文において、国政が国民の厳粛な信託によるものであり、その権威は国民に由来し、その権力は国民の代表者がこれを行使し、その福利は国民がこれを享受するとしています。公職選挙法は、その目的を、憲法の精神に則り、衆議院議員、参議院議員、そして地方公共団体の議会の議員及び長を公選する選挙制度を確立し、その選挙が選挙人の自由に表明する意思によって公明且つ適正に行われることを確保し、もつて民主政治の健全な発達を期することとしています（同法1条）。

　その目的を達成するために、公職選挙法は、選挙制度から選挙運動の細部に至るまで選挙に関する事項を詳細に規定する他、候補者だけでなく有権者側にもさまざまな規制を設けています。ここでは、その中の事業者が気をつけなければならない「選挙運動に関する選挙犯罪」と「寄附に関する選挙犯罪」について取り上げます。

(1) 選挙運動に関する選挙犯罪

　選挙運動については、「時期的規制」、「方法の規制」、「文書に関する規制」があります。「事前運動の禁止」は時期的規制です。

① 事前運動の禁止

　選挙運動[1]とは、一定の選挙において、一定の候補者の「当選を得しめるため投票を得もしくは得しめる目的をもつて、直接または間接に必要かつ有利な周旋・勧誘もしくは誘導その他諸般の行為をなすこと」をいいます[2]。公職選挙法では、選挙運動の期間は、それぞれの選挙（衆議院議員小選挙区、同比例代表、参議院議員比例代表、その他）において候補者の届出があった日から投票日前日までの間とされています（同法129条）。それまでの選挙運動は、いわゆる「事前運動」として一切禁止されています（同法239条）。したがって「戸別訪問」や「買収」など選挙運動期間中にも禁止されている行為はもちろんのこと、「個々面接」や「電話による勧誘」等、選挙運動期間には制限されない行為も立候補届出前にすることはできません。

　このように、法が事前運動を禁止したのは、各候補者の選挙運動を同時にスタートさせ、無用な競争を避け、また、選挙運動費用の増加を抑制し、お金のかからない選挙を実現しようとするためです。

　立候補届出前であっても選挙事務所・自動車の借入れ、選挙運動費用の調達、選挙運動者の依頼など「立候補のための準備

---

[1] 選挙運動の方法は、例えば、選挙公報（選挙管理委員会が発行する公報紙で、候補者の氏名、所属政党、経歴、政見等について候補者が原稿を作成して提出しそのままを掲載）、新聞広告（候補者の写真、政見等を候補者が自分で新聞社に申し込み、掲載）、個人演説会（政見の発表や投票依頼等のために候補者が自ら開催する演説会）、街頭演説、選挙運動用ポスター（個人演説会の告知や政見の宣伝のためのポスター。ポスターの掲示場は、選挙管理委員会が設置）、選挙運動用通常葉書（政見の宣伝や投票依頼のために使用する葉書）等、多岐にわたります。

[2] 最高裁昭38.10.22決定（刑集17巻9号1755頁）

行為」や「政治活動」等の行為は、選挙運動としては扱われません。

　この政治活動とは、政治上の主義、施策を推進・支持し、若しくは反対し、又は候補者を推薦・支持し、若しくは反対することを目的として行う直接的・間接的行為をいい、候補者のための選挙運動に係る行為を除いた行為とされます。政治活動は原則として自由に行うことができます。普段から選挙区の住民に自己の政見を周知し、支持者を増やす行為（地盤培養行為）や、後援会を組織するための活動は、ひとつの政治活動ですが、それらの活動が地盤培養のための選挙区への働きかけを超えて、特定の選挙につき特定の候補者に投票を依頼する趣旨である場合には、「選挙運動」とされ、事前運動として規制の対象となります[*3]。

　また、ポスター貼りや文書の宛名書き、自動車の運転等、機械的労務をその労務の代償を得る目的でする行為は、「選挙運動」とは区別されます。しかし、当選を得る目的でする場合（アルバイトでの応援演説等）は、「選挙運動」にあたるとされています。

　ある行為が選挙運動にあたるかどうかは、その行為の時期や場所、方法等について、総合的に実態を把握して判断されます。選挙の公示又は告示日前から、立候補を予定している人の投票依頼を行ったりすることは事前運動として禁止されていることなど基本的な事柄は知っておく必要があります。

② 戸別訪問・演説会

　公職選挙法では、選挙運動の自由・公正を期すために、選挙運動期間内の選挙運動の方法についても、種々の規制をしています。

---

[*3] 最高裁昭39.11.18判決（刑集18巻9号561頁）

戸別訪問とは、選挙に関して候補者や運動員が投票を得るために、又は他の候補者に得させないために選挙人の家を訪ねる行為をいい、誰でもこれを行うことは禁止されています（同法138条1項）。選挙運動のために演説会の開催や演説を行ったり、特定の候補者の氏名や政党、政治団体の名称を言い歩く行為は「戸別訪問」とみなされます（同法138条2項）。戸別訪問による選挙運動が禁止されているのは、買収や不正行為を行うきっかけを作り、公正性を害するという理由からです。戸別訪問による事前運動の禁止は、立候補予定者のために行為をした者にも適用されます。

　なお、一般会合の席上や路上でたまたま出会った人や電車やバスの中で行き会った友人などに投票を依頼する行為（「個々面接」）は特に禁止されていません。これらは、投票の自由公正を害する密行性が無いという理由からです。

　また、選挙のための演説会は、候補者又は政党等が主催するもの以外は開催することができません（同法164条の3）。候補者の演説を聴く目的以外で、たまたまある場所に集まっている人に対し、休憩時間などを利用して候補者などが行う幕間（まくあい）演説は、公選法上は禁止されていませんが、候補者などの演説が行われることを事前に周知したり、そのために社員等を動員したりすると、幕間演説ではなく「演説会」とみなされ、公選法違反とされるおそれがあります。

③　署名運動の禁止

　公職選挙法では、選挙に関し、特定の候補者のための投票を得る目的又は得させない目的で選挙人に対して署名を集める行為は、「選挙運動に関する署名活動」として禁止されます（同法138条の2）。署名による心理的拘束の可能性や、選挙人の自由な意思による投票を妨げるおそれがあるからです。本来、政治目的や何らかの請願、要求、抗議等の目的を持って署名を集

める行為は、「政治活動」として自由にできますが、政治活動にかこつけた投票依頼目的の署名運動は禁止されます。したがって、特定の選挙が間近な時期に後援会への加入依頼や政策に関する支持署名への協力を依頼された場合の対応は、慎重を期す必要があります。行為主体は「何人も」と規定されており、協力要請を受けて、署名簿を社内で回覧し、従業員の署名を集めた場合には、そのような社内回覧をさせた者が、本条違反を問われることになるからです。

④　飲食物の提供の禁止

公職選挙法は、「湯茶及びこれに伴い通常用いられる程度の菓子」と「衆議院（比例代表選出）議員選挙以外の選挙における選挙運動従事者等に対する一定範囲の弁当の提供」を除いて、選挙運動に関する飲食物の提供を禁止しています（同法139条）。これは、飲食物の提供による選挙費用の増加の防止、飲食物の授受が買収と結びつく危険を防止するという趣旨からです。本条でも「何人も」と規定されていますので、候補者の側のみならず、後援者その他の第三者がビール、酒、ビール券等を「陣中見舞い」として提供しても違反となります[*4]。

⑤　文書に関する規制

公職選挙法は、通常葉書、選挙用ビラ、ポスター等、多種多様なものを「文書図画」として、頒布や掲示、枚数、掲示場所等について詳細な規定を置いています。これらを自由に任せると経済的な格差が結果として選挙運動において優位・劣位となり、選挙の公正が害されることになるからです。

---

[*4] この規制は、選挙運動期間中に限定されず、選挙運動期間前の立候補準備期間中であっても、それが「選挙運動に関し」行われれば違反となります。最高裁平 2.11.8 決定（刑集44巻 8 号697頁）では、「選挙運動に関して使用することを提供の動機としたものと認められるから、本件酒類の提供は、公職選挙法139条にいう「選挙運動に関し」てされたものにあたるというべきである」としています。

(ⅰ) 文書図画の頒布・掲示の規制

　頒布できる文書図画について、その種類、選挙の種類に応じた枚数、規格、頒布の方法等について規制しています（同法142条）。

　また、文書図画の「掲示」についても、選挙の種類に応じて、種類、枚数、規格、掲示の方法等について規制しています（同法143条、144条）。

　掲示をすることができる文書図画の種類については、ポスター、立札、提灯、垂れ幕、のぼり等に限定されています。また、掲示の方法及び掲示する文書図画の種類については、その掲示場所ごとに規制され、公職選挙法143条は、選挙事務所用、自動車等への取り付け用、演説会場用や、個人演説会告知用（ただし、衆議院（小選挙区選出）、参議院（選挙区選出）、都道府県知事選挙の場合のみに限定）、それにそれら以外の選挙運動用ポスター（「5号ポスター」）について規定しています。

　このうち個人演説会告知用のポスターと5号ポスターの掲示場所については、衆議院（小選挙区選出）議員、参議院（選挙区選出）議員、都道府県知事選挙の場合は、市町村選挙管理委員会の設置する「ポスター掲示場」に一人一枚に限定され（同法143条3項）、また、5号ポスターについては都道府県の議会議員選挙、市町村長選挙及び市町村議会議員選挙であっても、所管の選挙管理委員会が「ポスター掲示場」を設置した場合には、その掲示場に一人一枚と限定されています（同法143条4項）。「5号ポスター」には、選挙管理委員会の検印又は証紙貼付が必要です。

　したがって、企業が任意の場所に5号ポスターを掲示できるのは、都道府県の議会議員選挙、市町村長選挙及び市町村議会議員選挙等で、所管の選挙管理委員会が「ポスター掲示

場」を設けていない場合と衆議院（比例代表選出）選挙、参議院（比例代表選出）選挙に限られます。

　5号ポスターについて、ポスター掲示場以外に掲示できるポスターであっても、国又は地方公共団体が所有し若しくは管理するものに掲示することを禁止しています(同法145条)。したがって、例えば、官公庁発注に係る工事中の建造物は国又は地方公共団体が所有し若しくは管理するものに該当する場合が多いので、その現場内の仮設事務所に掲示することは本条違反のおそれがあります。

　また、5号ポスターの掲示について、「居住者、居住者がいない場合にはその管理者、管理者がいない場合にはその所有者」の承諾を要します（同法145条）。民間工事の場合、その工事現場内の仮設事務所等の中に掲示するには、発注者等の承諾を得ることを要します。

(ⅱ)　脱法行為の禁止

　公職選挙法では、選挙運動のための文書図画の「頒布」「掲示」を厳しく制限しており、何人も選挙運動の期間中は、著述、演芸等の広告その他いかなる名義をもっても、文書図画の頒布・掲示に関する規制を免れる行為として、公職の候補者の氏名、シンボルマーク、政党等の名称又は公職の候補者を推薦、支持若しくは反対する者の名を表示する文書図画を頒布・掲示することはできないとしています（同法146条1項）。例えば、書籍の広告で、書籍名よりも候補者たる著者氏名のほうが大きく印刷して広告した場合等、行為者の意思、時期、数量、対象規模その他諸般の事情から、投票獲得に間接的にでも結びつくような文書図画である場合には、「脱法文書」として規制されます。

　なお、本条の「脱法行為」の禁止規定には、「選挙運動の期間中は」という時期を限定する文言が入っていますが、選

挙運動期間前であれば、「事前運動の禁止」(同法129条)の問題となります。

したがって、選挙運動期間であるか否かに拘わらず、「脱法文書」に当たる文書やポスター等を社内等に配布、回覧等することは公職選挙法違反となるおそれがあります。

⑥ 罰則

上記の公職選挙法違反行為の罰則は、次の表のとおりです。この他に裁判で禁錮又は罰金が確定した場合、5年以下（執行猶予の場合は、刑の執行を受けることがなくなるまでの間）の選挙権及び被選挙権の停止となります。

| 違反事項 | 罰則 | 関係条文 |
|---|---|---|
| 事前運動の禁止 | 1年以下の禁錮または30万円以下の罰金 | 129条<br>239条① i |
| 戸別訪問の禁止 | 〃 | 138条<br>239条① iii |
| 選挙に関する署名運動 | 〃<br>なお、署名者は、この罪に問われません。 | 138条の2<br>239条① iv |
| 飲食物の提供の禁止 | 2年以下の禁錮または50万円以下の罰金 | 139条<br>243条① i |
| 文書図画の掲示の制限違反 | 〃 | 143条<br>243条① iv |
| 脱法文書の頒布または掲示 | | 146条<br>243条① v |
| 他の演説会の禁止 | 〃 | 164条の3<br>243条① viiiのiii |

(2) 寄附に関する選挙犯罪

公職選挙法は、公正な選挙を確保する観点から、候補者側から有権者側に対する寄附等の利益供与を原則的に禁止しています。脱法的な行為も処罰の対象としています。一方、有権者側から候補者側

に対する寄附等の利益供与に関しては、「特定の寄附の禁止」(同法199条)、「特定人に対する寄附の勧誘、要求等の禁止」(同法200条)が規定されているのみです。これは、選挙は、本来、候補者の自己資金や有権者のいわゆる浄財によって賄われるものであり、有権者が支持する候補者等に対して浄財を提供することについては、そもそも制約されるべきものではないという考え方に基づいています。

なお、候補者等に対する寄附に関しては、「政治活動に関してなされる寄附」として、政治資金規正法による規制があります。

① 特定の寄附の禁止

公職選挙法では、衆議院議員及び参議院議員の選挙に関しては国と、地方公共団体の議会の議員及び長の選挙に関しては当該地方公共団体と、請負その他特別の利益を伴う契約の当事者である者は、当該選挙に関し、寄附をしてはならないと規定しています(同法199条1項)。これは、契約当事者としての地位の取得やその継続等、特別の取り計らいを受けること等を期待して寄附がなされると、選挙やその後の政治において不透明な影響を及ぼすおそれがあるため、その防止を図るという趣旨から置かれたものです。

この「請負」は、いわゆる土木・建築工事等の請負契約を指します。「特別の利益」について、請負契約は、一般に百万円、千万円単位と請負金額が多額であることから、多額の利益を伴うことが通常であるとの認識により、特に斟酌する必要はないとされています[*5]。請負以外の「その他特別の利益を伴う契約」には、物品納入、物品払下げ等の契約があります。これらの契約において利益高又は利益率が一般の契約よりも高く、あるいはその利益が特定の者に独占的に帰属する場合に該当するとされています。

---

[*5] 福岡高裁宮崎支部昭41.11.18判決(福岡高裁速報986頁)

「選挙に関する寄附」とは、選挙に関連する一切の寄附を禁止する趣旨であり、具体的には、その寄附のされた状況、時期、趣旨、内容等の事情を総合的に勘案して判断されます。ここで、寄附とは、金銭、物品その他の財産上の利益の供与又は交付、その供与又は交付の約束をいいます（同法179条2項）。金銭、物品その他の財産上の利益には、花輪、供花、香典又は祝儀として供与され、又は交付されるものその他これらに類するものが含まれます（同条4項）。「その他の財産上の利益」は、必ずしも有体物に限らず、「債務免除」「労務の無償提供」のように、金銭、物品以外のもので、これを受け取る側が利益を受ける一切のものをいうとされています。

　したがって、例えば、無償で選挙事務所を建ててやる、資材置場を駐車場として無償で貸す、下請負人の土地建物を使用させるべく斡旋する、会社の車を無償で貸す、タクシーチケットを供与する、従業員を選挙期間中派遣する、会社の施設を無償で使用させる等のような場合も「寄附」と認定されることが考えられます。

　これらの場合事業者側としては、相当の対価（代金、使用料、人件費、日当等の実費相当額等）の支払いを受けることが必要となります。従業員は、会社の業務としてではなく、個人として任意の協力が前提となります。

② 特定人に対する寄附の勧誘、要求等の禁止

　公職選挙法では、何人も選挙に関し、上記199条に規定する者（地方公共団体と請負契約を交わしている会社等）に対して寄附を勧誘し又は要求してはならないとし、また何人も選挙に関し199条に規定する者から寄附を受けてはならないとしています（同法200条）。

③ 罰則

　会社その他の法人が「特定の寄附の禁止」規定に違反して寄

附をしたとき、又は「特定人に対する寄附の勧誘、要求等の禁止」規定に違反して寄附をし、又は、寄附の勧誘等をし、寄附を受けたときは、その会社その他の法人の役職員として当該違反行為をした者は、3年以下の禁錮又は50万円以下の罰金に処せられます（同法248条2項、249条）。また情状により、禁錮及び罰金を併科されることがあり、「重大な過失」があった場合も、罰せられることになります（同法250条）。「重大な過失」とは、「わずかな注意があれば、予見、回避できた場合」です。

　選挙後には、各候補者は、寄附その他の収入及び支出についての「収支報告」を、選挙の期日より15日以内に提出することが義務づけられています（同法189条1号）ので、その収支報告書の収入の部に記載されている寄附者の企業名から、その寄附の時期に国、地方公共団体との請負契約の締結をしている当事者であるか否かが分かります。

　企業が候補者等から、有権者への電話による投票依頼があった場合、企業は、人件費や電話代など適正な対価を得ずにこれを行うと「特定の寄附の禁止」に該当し、一方、人件費等を受領すると、企業が利益収受罪（同法221条1項4号）に問われるおそれがあります。また、下請負業者に選挙への協力を押し付けると、利害誘導罪（同法221条1項3号）となるおそれがあります。いずれにしても企業として選挙の自由公正を侵害する行為に関与することはできません。

(3) 連座制

　連座制とは、候補者や立候補予定者と一定の関係にある者が買収罪[*6]等の悪質な選挙犯罪を犯し刑に処せられた場合（執行猶予を

---

[*6] 買収（事前買収）とは、特定の候補者を当選させること、又は当選させないことを目的として、選挙人や選挙運動者に対して金銭・物品・その他財産上の利益などを供与・申込み・約束をしたり、又は供応接待をしたり、その申込みや約束をすることをいいます。

含む)に、その候補者等はその選挙犯罪を行っていなくとも、その候補者等の当選を無効とするとともに、その後の立候補について制限する制度であり、選挙腐敗防止の観点から設けられたものです。選挙運動の総括主宰者、出納責任者等の他、その候補者の「組織的選挙運動管理者等[*7)]」とされる者が悪質な選挙違反行為を犯した場合も「連座制」の対象とされます（同法251条の3）。したがって、企業等が組織的な選挙協力を行い、その代表取締役等が組織的選挙運動管理者等として、買収罪等の一定の悪質な選挙犯罪により「禁錮以上の刑」（執行猶予が付されている場合も含む）が確定した場合、「連座制」により、候補者の当選が無効となります[*8)]。

なお、組織的選挙運動管理者等が連座制の対象となる場合であっても、買収等の行為が「おとり行為」や「寝返り行為」（連座制適用を目的とした行為）であった場合、又は候補者等が組織的選挙運動管理者等が買収等の行為をしないよう、相当の注意を怠らなかった場合は、免責され、連座制が適用されません。

## 2　政治資金規正法

### (1)　法の目的

わが国は、日本国憲法のもと議会制民主主義の政治形態を採っており、国民の意思や利益は政党、政治団体、政治家の政治活動により組織化され、政治の場に反映されます。

この政党等の政治活動には、相当額の政治資金が必要となり、こ

---

[*7)] 公職の候補者又は公職の候補者となろうとする者と意思を通じて組織により行われる選挙運動において、当該選挙運動の計画の立案、調整又は当該選挙運動に従事する者の指揮、監督その他当該選挙運動の管理を行う者。選挙運動の総括主宰者、出納責任者、地域の総括主宰者は除く。
[*8)] 仙台高裁平8.7.8判決（高民集49巻2号38頁）、最高裁平9.3.13判決（民集51巻3号1453頁）

れをいかに調達するかが重要な課題となりますが、従来政治資金を巡る不正や政治腐敗に関する事件は後を絶たず、健全な政治活動の実現は、常に国民による監視が必要となっています。

このような観点から、政治資金規正法は、議会制民主政治の下における政党その他の政治団体の機能や公職の候補者の責務の重要性にかんがみ、これらによって行われる政治活動が国民の不断の監視と批判の下に行われるよう、「政治団体の届出」、「政治団体に係る政治資金の収支の公開」、「政治団体及び公職の候補者に係る政治資金の授受の規正その他の措置」により、「政治活動の公明と公正を確保し、民主政治の健全な発達に寄与すること」を目的としています（同法1条）。

法の運用にあたっては、「政治資金が民主政治の健全な発達を希求して拠出される国民の浄財であることにかんがみ、その収支の状況を明らかにすることを旨とし、これに対する判断は国民にゆだね、いやしくも政治資金の拠出に関する国民の自発的意思を抑制することのないように、適切に運用されなければならない」とし、政治団体に対し、「その責任を自覚し、政治資金の授受を公明正大に行われる」べきことを義務づけています（同法2条）。

このように、政治資金規正法は、国民の基本的人権に配慮しつつ、「政治腐敗の防止」、「政治活動の健全性の確保」を実現する仕組みとして制定されています。

(2) **法律の概要**

政治資金規正法の基本的な仕組みは、次頁の図のように、「政治資金の流れの公開」と「政治資金の流れの制限」「政治資金の運用の制限」の3つを軸としています。そして、政治資金を扱う政治団体、政治家等の公開の方法、運用の方法、政治資金を寄附する場合の諸制限等を詳細に規定しています。

ここでは、複雑な政治資金規正法の諸規制のうち、企業が政治資金を寄附する場合の規制を中心に、解説することとします。

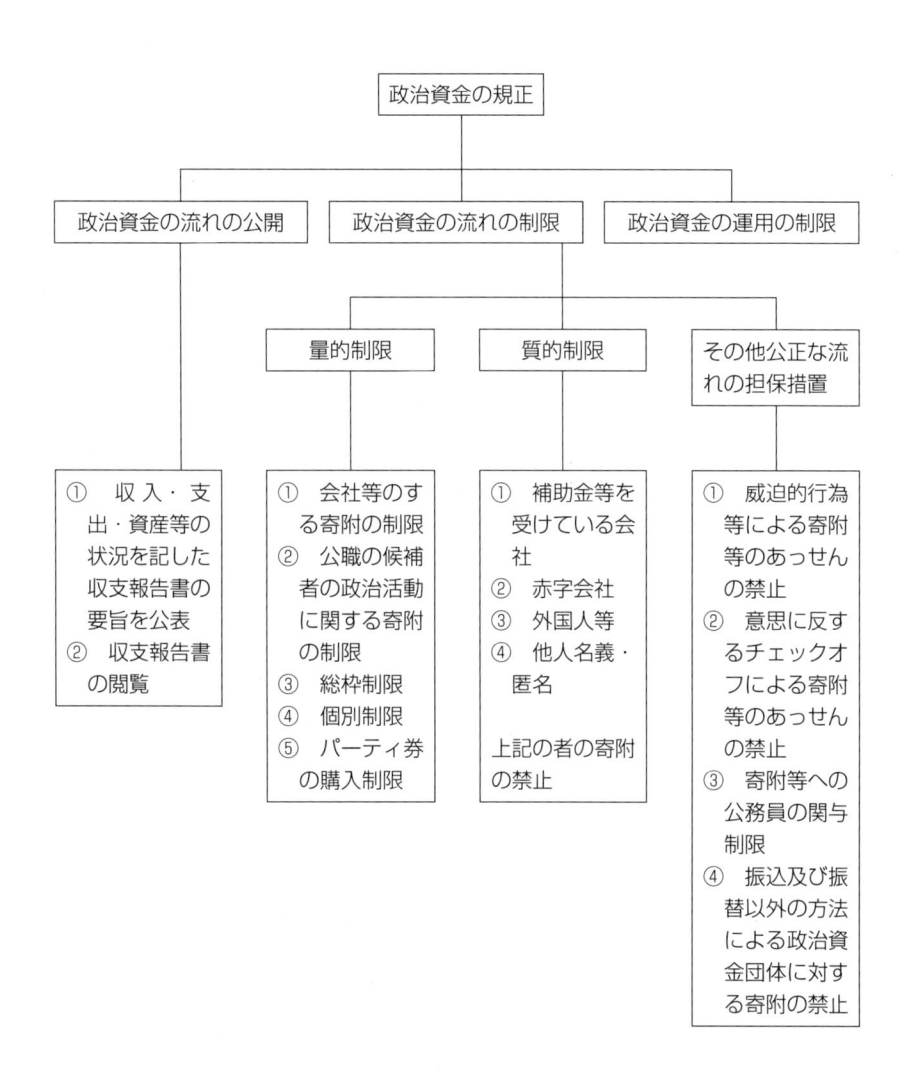

```
                    政治資金の規正
                         │
     ┌───────────────────┼───────────────────┐
政治資金の流れの公開   政治資金の流れの制限   政治資金の運用の制限
                         │
             ┌───────────┼───────────┐
          量的制限      質的制限    その他公正な流
                                    れの担保措置
```

| 政治資金の流れの公開 | 量的制限 | 質的制限 | その他公正な流れの担保措置 |
|---|---|---|---|
| ① 収入・支出・資産等の状況を記した収支報告書の要旨を公表<br>② 収支報告書の閲覧 | ① 会社等のする寄附の制限<br>② 公職の候補者の政治活動に関する寄附の制限<br>③ 総枠制限<br>④ 個別制限<br>⑤ パーティ券の購入制限 | ① 補助金等を受けている会社<br>② 赤字会社<br>③ 外国人等<br>④ 他人名義・匿名<br><br>上記の者の寄附の禁止 | ① 威迫的行為等による寄附等のあっせんの禁止<br>② 意思に反するチェックオフによる寄附等のあっせんの禁止<br>③ 寄附等への公務員の関与制限<br>④ 振込及び振替以外の方法による政治資金団体に対する寄附の禁止 |

　その前に、政治資金規正法上の諸規制の理解に必要な基本的概念について記します。
　① 規正の主体と客体
　（i）規正主体
　　　政治資金規正法を執行し、各種届出や収支報告書を受理し、その公表を行うなどの事務を所管するのは、「総務大臣」及

び「都道府県の選挙管理委員会」です。
 (ii) 規正客体

　政治資金規正法の諸規制の客体は、「政治団体」とされています。政治資金規正法上で「政治団体」とは、政治活動を主たる活動として組織的かつ継続的に行う団体か否かという点が判断の基準になります。しかし、これは政治資金規正法上の取扱ですので、公職選挙法201条の5以下に規定する「政治活動を行う団体」に該当するか否かは別問題です。政治資金規正法上の「政治団体」に該当しない場合でも、公職選挙法上の「政治活動を行う団体」として、選挙運動期間中の政治活動が規制を受けることになる場合もあります。

　政治団体は、さらに「政党」、「政治資金団体」、「資金管理団体」、「その他の政治団体」の4種類に分類され、それぞれ、規制の方法や度合いが異なる取扱になっています。

　政治団体は、その結成の日から7日以内に、所定の様式による「設立届」を、都道府県の選挙管理委員会に持参して提出しなければなりません（同法6条）。

　さらに、その政治団体の収支報告を、毎年12月31日現在でその年の分を作成し、翌年3月中に提出しなければなりません（同法12条）。「政党」及び「政治資金団体」の場合は、その収支報告書の提出に際し、「監査意見書」の添付が必要とされています（同法14条）。この収支報告書の要旨は、官報又は都道府県の公報により公表され、提出された収支報告書は公表から3年間一般の閲覧に供されます。

　政治団体が「支部」を有する場合、この「支部」についての政治資金規正法上の取扱は、原則として、一つの「政治団体」にみなされます（同法18条1項）。したがって、「設立届」、「収支報告書」等の届出義務は、普通の政治団体と同様です。また、「資金管理団体」についても、「支部」も一つの政治団

体とされる以上、本部か支部のいずれかしか指定することができません。
② 政治活動に関する寄附等の制限

政治資金規正法では、国民の政治的活動の自由等の基本的人権との関係から、政治の健全性の確保は、寄附者と受領者双方の自律と国民の監視によって「規正」するという立場をとりました。

政治活動に関する寄附等について、現行の政治資金規正法には「会社等の寄附等の制限」「寄附の量的制限」「寄附の質的制限」等の規定があります。

この「寄附」とは、政治資金規正法上、金銭、物品その他の財産上の利益[*9]の供与又は交付で、党費又は会費その他債務の履行としてなされるもの以外のものをいうと定義されています（同法4条3項）。また「政治活動に関する寄附」とは、政治団体に対してされる寄附又は公職の候補者の政治活動（選挙運動を含む）に関してされる寄附をいいます（同法4条4項）。この法律の規定の適用については、法人その他の団体が負担する党費又は会費は、寄附とみなされます（同法5条2項）。

(i) 会社等の寄附行為の禁止

政治資金規正法では、巨額の政治資金の授受による政治腐敗事件の多くが企業等の寄附に起因するものであるという反省から、会社、労働組合、職員団体その他の団体が、「政党」又は「政治資金団体」以外の者に、政治活動に関する寄附を

---

[*9] 「財産上の利益」には、有体物、無体物の如何を問わず、電気等は勿論のこと、債務免除、金銭等の貸与、労務の無償提供等も含まれると解されています。また、対価の支払を伴っていても、対価相当分を超える部分がある場合には、その超過部分は寄附とみなされると解されています。公職選挙法における寄附等の制限の場合と同様、車や事務所、労務等の無償提供行為や、債務負担行為等は、政治資金規正法上も、「寄附」とされることになります。

することを一切禁じています（同法21条）*10)。

　会社等の負担する党費又は会費は「寄附」にあたるとされていますので、会社等が政党、政治資金団体以外の政治団体等に対し、党費や会費を負担することはできません。

　また、政治家個人から金銭等の寄附等の依頼があったとしても、その政治家個人に対しては、寄附をすることはできません。この「寄附」概念には金銭によるのみならず、人、事務所、自動車、労務等の無償提供行為も含まれると解されています。

(ⅱ) 資金管理団体

　資金管理団体とは、公職の候補者自らのために政治資金の拠出を受ける政治団体のことをいいますが、政治資金規正法では、公職の候補者は、自らが代表者である政治団体のうちから、一つの政治団体を資金管理団体として指定することができるとしています（同法19条1項）。ここでいう「公職の候補者」とは、公職にある者、公職の候補者及び候補者となろうとする者をいいます。たとえ選挙に落選したとしても、将来の選挙に立候補の意思を有している者であれば、引き続き「資金管理団体」を指定することができます。

　この「資金管理団体」の指定は、指定後7日以内に都道府県の選挙管理委員会又は総務大臣に届け出ることが必要とさ

---

＊10) 政治団体の「支部」については、年間いくらまで寄附できるかを規制した「寄附の量的制限」は適用されず、その政治団体の本部、支部を併せて、一つの政治団体として年間制限額の枠の中での寄附を受けることができるにすぎません。
　　政治資金規正法では、「政党の支部」については、「一以上の市町村・特別区（指定都市にあっては行政区）の区域又は選挙区の区域を単位として設けられる支部（地域支部）」以外の「政党の支部」に対しては、寄附をすることができない旨が定められています（同法21条1項・4項）。つまり、会社等のする「政治活動に関する寄附」は、政党・政党の支部（一以上の市町村等の区域又は選挙区の区域を単位として設けられる支部に限る。）及び政治資金団体について認められているということです。

れています（同法19条2項）。

　なお、「資金管理団体」は、政治家個人が「公職の候補者」として指定できる団体であることから、国又は地方公共団体と請負などの契約を結んでいる者が、国政選挙や地方自治体の選挙に関して「資金管理団体」へ寄附した場合、公職選挙法199条に抵触する他に、会社等の寄附行為が禁止されている公職の候補者個人に対する寄附として、政治資金規正法21条にも違反となってしまいます。

　この会社等の寄附行為の禁止規定に違反した場合、その寄附行為の実行者は、1年以下の禁錮又は50万円以下の罰金に処せられ（同法26条1号）、その者が所属する会社も50万円以下の罰金に処せられます（同法28条の3第1項）[11]。

(iii) 寄附の量的制限

　寄附の量的制限とは、政治活動に関して一の寄附者が年間に寄附することのできる金額についての制限で、総枠制限と個別制限とがあります。

(ｱ) 総枠制限

　　寄附の「総枠制限」とは、一の寄附者が1年間にできる寄附の限度額を定めるものです（同法21条の3）。

　　この総枠は、会社の場合には、資本又は出資の金額により、一定の算式によって、算定されます。資本又は出資の金額とは、当該年の1月1日におけるその金額を指します。

---

*11) この他に、政治資金規正法に定める罪を犯した者は、選挙犯罪を行った者と同様、次の期間、公民権（公職選挙法に規定する選挙権及び被選挙権）を有しないこととされています（政治資金規正法28条）。
・禁錮刑に処せられた者…裁判が確定した日から刑の執行を終わるまでの間とその後の5年間
・罰金刑に処せられた者…裁判が確定した日から5年間
・これらの刑の執行猶予の言い渡しを受けた者…裁判が確定した日から刑の執行を受けることがなくなるまでの間

その年の中途に増資、減資があっても、その算定基礎額は、1年間変わることはありません。

以上によって算出される各枠の金額は、下表のとおりです。

| 資本金（億円） | 総枠（万円） | 資本金（億円） | 総枠（万円） |
| --- | --- | --- | --- |
| 0～　10未満 | 750 | 550～600未満 | 7,200 |
| 10～　50 | 1,500 | 600～650 | 7,500 |
| 50～100 | 3,000 | 650～700 | 7,800 |
| 100～150 | 3,500 | 700～750 | 8,100 |
| 150～200 | 4,000 | 750～800 | 8,400 |
| 200～250 | 4,500 | 800～850 | 8,700 |
| 250～300 | 5,000 | 850～900 | 9,000 |
| 300～350 | 5,500 | 900～950 | 9,300 |
| 350～400 | 6,000 | 950～1,000 | 9,600 |
| 400～450 | 6,300 | 1,000～1,050 | 9,900 |
| 450～500 | 6,600 | 1,050以上 | 1億 |
| 500～550 | 6,900 |  |  |

　(ｲ)　個別制限

　個人が同一の政党・政治資金団体以外の政治団体や政治家個人など同一の者に対してする寄附の額は、年間150万円を超えることはできません（同法22条1項）。これを寄附の「個別制限」といいます。これによって、特定の者と特定の政治団体又は政治家との癒着を防止しようとするものです。政党及び政治資金団体に対する寄附については、政党本位の政治資金体制を確立するために個別制限は行われていません。

　以上、「寄附の量的制限」をまとめると、次表のとおりとなります（年間金額）。

|  |  | 政党・政治資金団体 | 資金管理団体 | その他団体 | 公職候補者 |
|---|---|---|---|---|---|
| 会社等 | 総枠制限 | （資本金額に応じて）年間750万円〜1億円 | 全面禁止 | 全面禁止 | 全面禁止 |
|  | 個別制限 | （総枠制限金額の枠内で）無制限 | 全面禁止 | 全面禁止 | 全面禁止 |
| 個人 | 総枠制限 | 2,000万円以内 | 1,000万円以内 | 1,000万円以内 | 1,000万円以内 |
|  | 個別制限 | （総枠制限金額の枠内で）無制限 | 150万円以内 | 150万円以内 | 150万円以内 |

　なお、これらの「寄附の量的制限」に違反した場合は、その寄附の実行者は1年以下の禁錮又は50万円以下の罰金に処せられることになる（同法26条1号）とともに、その者の所属する会社も50万円以下の罰金に処せられます（同法28条の3第1項）。

③　寄附の質的制限

　政治資金規正法では、国又は地方公共団体から「補助金」や「出資」を受けている会社その他の法人については、それらを通じて国又は地方公共団体と特別の関係にあることから、これらの会社等からの政治献金によって不明朗な関係が生じやすいので、その弊害を未然に防止するために、寄附等を行うことを禁じています。

　政治資金規正法では、補助金、負担金、利子補給金その他の給付金の交付決定を受けた会社等は、その交付決定から1年を経過するまでの間、政治活動に関する寄附ができない旨が定められています（同法22条の3第1項・4項）。

　その他にも、三事業年度にわたり継続して赤字会社である会社の寄附（同法22条の4）、外国人等からの寄附（同法22条の5）、本人名義以外や匿名での寄附（同法22条の6）も禁止されてい

ます。

　これら特定会社等の寄附の禁止、匿名等による寄附の禁止に違反して、寄附を行った者は、3年以下の禁錮又は50万円以下の罰金に処せられる（同法26条の2第1号・4号）とともに、その者の所属する会社も、50万円以下の罰金に処せられる（同法28条の3第1項）ことになります。

④　寄附のあっせん等に関する制限

　政治活動に関する寄附は、寄附をする者の政治的活動としてその自発的な意思に基づいて行われるべきものです。その意思を不当に拘束し、寄附を強制することは、寄附者の「政治的自由」を侵害することとなります。

　そこで、政治資金規正法では、寄附の任意性を確保するために、特に「寄附のあっせんについての威迫的行為の禁止」及び「寄附に関与する行為について公務員の地位利用の禁止」について規定しています（同法22条の7、22条の9）。

　前者では、例えば、下請業者に対して業務上の優越的地位を利用して、特定の政治団体への寄附を強制するような「不当にその意思を拘束するような方法」で、「寄附のあっせんに係る行為」をしてはならないということです。

　この「寄附のあっせんに係る行為」とは、「特定の政治団体又は公職の候補者のために政治活動に関する寄附を集めて、これを当該政治団体又は公職の候補者に提供する」行為をいいます（同法10条2項）。

　寄附のあっせん等に関する制限規定については、下請業者等に対する取引上の優越的地位による威迫等によって、現実に相手方の意思を拘束するに至ったか否かは関係無く、外形的にそれらの行為を行った場合は、直ちに政治資金規正法違反とされます。

　これらの寄附のあっせん行為を行った者に対しては、6ヶ月

以下の禁錮又は30万円以下の罰金が科せられます（同法26条の4）。
⑤　政治資金パーティーの対価の支払に関する制限
　（i）「政治資金パーティー」とは

　　　政治資金パーティーとは、対価を徴収して行われる催物で、その収入から経費を差し引いた残額をその催物の開催者又はその者以外の者の政治活動（選挙運動を含む。これらの者が政治団体である場合には、その活動）に関し支出することとされているものをいいます。政治資金パーティーは、「政治団体」が開催する「政治資金パーティー」が原則とされています（同法8条の2）。

　　　政治団体以外の者が「特定パーティー」[*12] を開催する場合、その開催について、当該政治団体以外の者は「政治団体」とみなされます（同法18条の2）。そのため、「特定パーティー」となると見込まれる政治資金パーティーを開催しようとする場合には、通常の政治団体の設立の際に必要とされる設立届の他、特定パーティー開催計画書及び告知文書の提出や、通常の政治団体同様の会計帳簿の備付け及び記載、収支報告書の提出が必要となります。

　　　これは、政治団体以外の者が一定規模以上の政治資金パーティーを開催する場合についても、政治団体同様の規制を課することによって、政治資金の公開性、透明性を担保しようとするものです。
　（ii）「政治資金パーティー」に対する諸規制

　　　パーティー券の購入は、法的には「債務の履行」となり、「寄附」にはあたらないので、会社等がパーティー券を購入

---

＊12）政治資金パーティーのうち、その収入（パーティー券の売却額）が1,000万円以上となるパーティーのこと

する場合には、「寄附の禁止」「量的制限」「質的制限」等の規定は適用されないこととなります。よって、年間寄附額の量的制限の対象に算入する必要はありませんし、政治団体以外の政治資金パーティーであっても、政党・政治資金団体以外の政治団体の開催する政治資金パーティーであっても、そのパーティー券の購入については、「会社等の寄附の禁止規定」の適用は受けることはありません。

　しかし、祝儀等を持参した場合などは、その費用は「寄附」とみなされることになります。したがって、これらの出費については、政治資金規正法の寄附制限規定の適用があり、その費用を年間の量的制限額に算入しなければなりません。また、政党・政治資金団体以外の者が開催する政治資金パーティーにおいて、このような出費をすることは、「会社等の寄附の禁止」規定に抵触することとなります。

(ア)　量的制限（個別制限）（同法22条の8第1項・3項）
　　一回の政治資金パーティーにおける、同一の者によるパーティー券の購入は、150万円以内に制限されています。

(イ)　購入者氏名等の公表（同法12条1項1号ト・チ、同法20条1項）
　　一回の政治資金パーティーにおいて、20万円を超えるパーティー券の購入をした者については、その氏名、住所等の事項が収支報告書上で公表されます。

(ウ)　匿名等による支払の禁止（同法22条の8第4項、同法22条の6第1項・3項）
　　本人名義以外の名義又は匿名による政治資金パーティーの対価の支払をすることは禁止されています。

(エ)　威迫等によるあっせんの禁止（同法22条の8第4項、同法22条の7第1項）
　　パーティー券の購入のあっせんについても、政治活動に

関する寄附のあっせんと同様に、相手方に対して、取引上や組織上の影響力を利用して威迫する等、不当にその意思を拘束するような方法によるあっせんをすることはできません。この場合、相手方が意思を拘束されたか否かは問いません。そのようなあっせん行為をしただけでも本条に違反します。

(オ) 罰則

パーティー券の購入者が上記制限に違反した場合の罰則は、下表のとおりです。

|    | 違反行為 | 条項 | 罰則 |
| --- | --- | --- | --- |
| a. | 量的制限（個別制限）の違反（支払を受けた者、支払った者） | 22条の8①③<br>26条の3③⑤ | 50万円以下の罰金 |
| c. | 匿名等による支払の禁止の違反（支払った者、支払を受けた者） | 22条の8④<br>26条の2(v) | 3年以下の禁錮又は50万円以下の罰金 |
| d. | 威迫等によるあっせんの禁止の違反 | 22条の8④<br>26条の4(ii) | 6月以下の禁錮又は30万円以下の罰金 |
|  | 上記の各刑罰が科せられた者 | 28条 | 5年間の選挙権・被選挙権の停止 |
|  | 上記の違反者の所属する法人（団体） | 28条の3① | 上記の罰金 |

〔島本　幸一郎〕

# 第7章●労働法

## 1　労働法の最近の動き

　非正規雇用がますます拡大するなど、就業形態の多様化が進展しており、労働法は激動期を迎えています。
　平成19年通常国会には8つの労働関連法案が上程されました（労働契約法案、労働基準法改正案、最低賃金法改正案等）。
　平成19年5月には、短時間労働者法（パートタイム労働者法）の改正法が成立し、同年11月28日には、労働契約法（新法）、改正最低賃金法が成立しましたが、労働者派遣法の改正は見送られました。労働基準法改正案のなかには、ホワイトカラーエグゼンプション制度を創設するという動きがありましたが、これも見送られました。

## 2　労働契約法（平成19年新法、全19条）

　平成19年11月に成立した新法である労働契約法は、これまで労働判例に頼っていた雇用ルールを明文化することによって、労働者個人と会社との紛争を未然に防止することを目的としており、次のような規定が設けられています。
・非正社員の待遇を改善する等のため、「労働契約は、労働者及び使用者が、就業の実態に応じて、均衡を考慮しつつ締結し、又は変更すべきものとする。」（同法3条2項）
・労働者及び使用者は、労働契約の内容について、できる限り書面により確認する（同法4条2項）。
・「労働者及び使用者が労働契約を締結する場合において、使用者に合理的な労働条件が定められている就業規則を労働者に周知させていた場合には、労働契約の内容は、その就業規則で定める労

働条件によるものとする。」（同法7条）という規定が設けられ、就業規則が合理的で周知させていれば労働者が合意した労働契約の内容となるとされている。
・使用者が就業規則の変更により労働条件を変更する場合において、変更後の就業規則を労働者に周知させ、かつ、就業規則の変更が、労働者の受ける不利益の程度、労働条件の変更の必要性、変更後の就業規則の内容の相当性、労働組合等との交渉の状況その他の就業規則の変更に係る事情に照らして合理的なものであるときは、労働契約の内容である労働条件は、当該変更後の就業規則に定めるところによるものとする（同法10条）。

## 3　人事異動

　配置転換、出向、転籍の3種類があります。会社は、前二者については、原則として就業規則の定めに基づいて従業員に対して異動命令を出すことができますが（もっとも、出向については、出向後の労働条件が出向労働者に配慮されていることが必要です）、転籍は原則として社員本人の同意が必要です。

## 4　非典型の労働関係

(1)　短時間労働者（パートタイム労働者）
　「短時間労働者の雇用管理の改善等に関する法律」（短時間労働者法）（平成5年成立）は、平成19年5月に改正法が成立していますが、その主な内容は次のとおりです（平成20年4月施行）。
　①　均衡待遇規定の新設
　　　事業主は、その雇用する短時間労働者について、その就業の実態等を考慮して、適正な労働条件の確保、教育訓練の実施、福利厚生の充実その他の雇用管理の改善及び通常の労働者への

転換（短時間労働者が雇用される事業所において通常の労働者として雇い入れられることをいう）の推進（以下「雇用管理の改善等」）に関する措置等を講ずることにより、通常の労働者との均衡のとれた待遇の確保等を図り、当該短時間労働者がその有する能力を有効に発揮することができるようにするものとしています（平成19年改正法3条）。

② 通常の労働者と同視すべき短時間労働者に対する差別的取扱いの禁止規定の新設

　事業主は、業務の内容及び当該業務に伴う責任の程度（以下「職務の内容」）が当該事業所に雇用される通常の労働者と同一の短時間労働者（以下「職務内容同一短時間労働者」）であって、当該事業主と期間の定めのない労働契約を締結しているもののうち、当該事業所における慣行その他の事情からみて、当該事業主との雇用関係が終了するまでの全期間において、その職務の内容及び配置が当該通常の労働者の職務の内容及び配置の変更の範囲と同一の範囲で変更されると見込まれるもの（以下「通常の労働者と同視すべき短時間労働者」）については、短時間労働者であることを理由として、賃金の決定、教育訓練の実施、福利厚生施設の利用その他の待遇について、差別的取扱いをしてはならないとしています（平成19年改正法8条）。

(2) 社外労働者の利用

① 業務処理請負

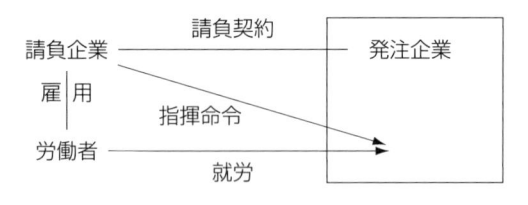

　請負企業は、あくまで自らの請負業務の履行のために、請負企業の労働者を供給するにすぎないから、労働者に対する指揮

命令は、請負企業が行います。使用者として責任を負うのは、請負企業だけです。

② 労働者派遣

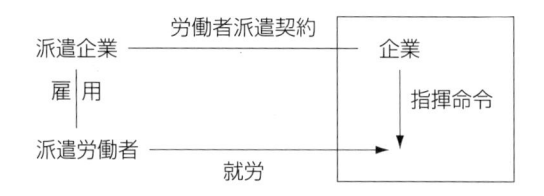

```
            労働者派遣契約
派遣企業 ─────────────── 企業
   │                      │
 雇│用                   │指揮命令
   │                      ↓
派遣労働者 ─────────────→
            就労
```

　派遣企業がその雇用する労働者を他人のために労働させる点で業務処理請負と類似していますが、労働者派遣では当該労働者を他人の指揮命令に服せしめる等が異なっています。

　また労働者派遣は出向とも類似していますが、出向の場合、労働者は出向元企業との労働契約関係を維持しつつ、出向先企業の従業員にもなる点で、労働者派遣とは異なります。

　派遣可能期間の制限を課されない専門的業務は、26業務存在しています（労働者派遣令4条）。それ以外の業務については、派遣可能期間を制限されるが、それは改正前のように一律1年間ではなく、派遣先が、当該派遣先事業場の労働者の過半数組織組合又は過半数代表者の意見を聴いて、当該事業場への派遣可能期間をあらかじめ1年～3年の期間で定めることができることとし、その定めをしない場合には派遣可能期間は1年となるとしました（労働者派遣法40条の2）。

　もっとも、建設業務、港湾運送業務、警備業務については、労働者派遣業を行うことはできません。建設業務についていえば、現実に、重層的な請負（元請と下請）構造のもとで業務処理が行われており、建設労働者の雇用の改善に関する法律により雇用改善のための措置が講じられているからです。

5　労働時間

(1)　労働時間の原則
　週40時間制と1日8時間制が適用されています（労基法32条）。この40時間や8時間という数字は、休憩時間を除く実労働時間を意味します（実労働時間と休憩時間をあわせて拘束時間といいますが、労基法には拘束時間について特段規制がありません）。

(2)　時間外労働
　1日の所定労働時間が8時間以内の事業場において、8時間を超えて労働が行われた場合、時間外労働の要件（三六協定の締結と届出）を満たすことを必要とし、かつ、8時間を超過する労働時間について割増賃金を支払う義務があります。
　労働基準法36条に定める協定であることから、「三六（さぶろく）協定」と称されることが多いのですが、事業者は、これを、労働者の過半数で組織する労働組合がある場合は当該労働組合と、そのような労働組合がない場合においては労働者の過半数を代表する者との書面による協定を締結し、これを労働基準監督署長に届け出ます（労基法36条）。
　割増賃金については、時間外労働及び深夜労働の場合は25％以上、休日出勤の場合は35％以上の割増賃金を支払う必要があります（労基法37条）。

(3)　法定労働時間制の弾力化（変形労働時間制）
　企業の製造工程等の性質上連続操業が必要となる場合もあり、また、事業に時期的な繁閑が存在し所定労働時間を一定期間のなかで不規則に配分せざるをえない場合も存在します。一定の単位期間について、週あたりの平均労働時間が法定労働時間の枠内である週40時間におさまっていれば、たとえば1日、1週において法定労働時間を超えることがあっても、時間外労働として扱わないことを認め

る制度が、変形労働時間制です。企業にとっては、1日8時間、1週40時間という法定労働時間を超えて社員に働いてもらっても時間外労働にならないで、割増賃金の支払がないというメリットがあります。

　変形労働時間制には、1ヶ月以内の期間の変形労働時間制（労基法32条の2）、1年以内の期間の変形労働時間制（同法32条の4）、1週間単位の非定型的変形労働時間制（同法32条の5）があります。

(4)　労働者の主体的な選択による労働時間制度

　ホワイトカラーや知的専門的労働者が増加するにつれ、労働者が主体的に始業時刻と終業時刻を選択し、時間配分や業務遂行の仕方を主体的に決める労働態様が増加してきました。

　①　フレックスタイム制

　　　1ヶ月などの単位期間のなかで一定時間数（契約時間）労働するという総労働時間を定めておき、従業員がその範囲内で、各自の始業時刻と終業時刻を自由に選択して働くことを認める制度です（労基法32条の3）。出退勤のなされるべき時間帯（フレキシブルタイム）や、全員が必ず勤務すべき時間帯（コアタイム）を定めるものが多くあります。

　②　裁量労働制

　　　近年における技術革新等に基づき、業務の性質上、法定労働時間制を厳格に適用することが不都合な専門的労働者が増加しています。そこで、一定の専門的業務に従事する労働者について、実際の労働時間を厳格に管理することなく、業務遂行の方法を大幅に労働者の裁量に委ね、一定の労働時間数だけ労働したものとみなす「裁量労働」制度が設けられています。

　　　ただし、裁量労働制であっても、みなし労働時間が法定労働時間を超える場合には、会社は、三六協定の締結・届出と割増賃金の支払が必要となります。また、深夜労働や休日労働に関する労基法の規定は排除されませんので、深夜労働や休日労働

をした場合、割増賃金の支払がなされる必要があります。裁量労働制には、次の2つがあります。
(i) 専門業務型裁量労働制（労基法38条の3）

対象業務として、(ｱ)新商品又は新技術の研究開発等の業務等、(ｲ)情報処理システムの分析又は設計の業務、(ｳ)室内装飾、工業製品、広告等の新たなデザインの考案の業務等が列挙されています。

1日当たりのみなし労働時間数等を定めた労使協定が必要となるほか、労働協約、就業規則又は個別労働契約を整える必要もあります。

(ii) 企画業務型裁量労働制（労基法38条の4）

対象業務として、(ｱ)経営企画を担当する部署において経営状態・経営環境等について調査・分析を行い、経営に関する計画を策定する業務、(ｲ)同部署において現行の社内組織の問題点やあり方等について調査・分析を行い、新たな社内組織を編成する業務、(ｳ)人事・労務を担当する部署において現行の人事制度の問題点やあり方について調査・分析を行い、新たな人事制度を策定する業務、(ｴ)同部署において業務の内容やその遂行のために必要とされる能力等について調査・分析を行い、社員の教育・研修計画を策定する業務、(ｵ)財務・経理を担当する部署において財務状態等について調査・分析を行い、財務に関する計画を策定する業務等が列挙されています。

この導入には、労使協定ではなく、事業場の「労使委員会」（構成員は、使用者と、当該事業場の労働者を代表する者）における、委員の5分の4以上の多数による決議と、その届出が必要です。また、対象となる本人の同意も必要となります。労働協約、就業規則又は個別労働契約を整える必要もあります。

## 6 解雇

### (1) 解雇権濫用の無効

客観的に合理的理由を欠き、社会通念上相当と認められない解雇は、権利の濫用として無効です（労基法18条の2、労働契約法16条）。会社側が、解雇理由の正当性を主張立証しなければなりません。

### (2) 解雇の種類

① 整理解雇

従来、裁判例の多くが、整理解雇が有効となるための4要件として、

(i) 人員削減の必要性
(ii) 人員削減の手段として整理解雇を選択することの必要性
(iii) 被解雇者選定の妥当性
(iv) 手続の妥当性

を指摘してきましたが、バブル経済崩壊後の長期的経済変動のなかで、多様な人員削減が行われてきた様相にかんがみ、近時の裁判例は、これらの4要件を4「要素」とし、これらの4要素の総合判断によって整理解雇の有効性を判断するようになってきています。

② 懲戒解雇

懲戒処分には、戒告、減給、出勤停止等がありますが、最も重い処分が懲戒解雇です。懲戒解雇は、普通解雇よりも大きな不利益を労働者に与えるものなので、服務規律違反は、単に普通解雇を正当化するだけの程度では足りず、制裁としての労働関係からの排除を正当化するほどの程度に達していることを要するとされています。

労働法

## 7　最低賃金法

　最低賃金審議会の調査審議に基づき厚生労働大臣または都道府県労働局長が決定する最低賃金として、①地域別最低賃金、②産業別最低賃金がある。
　使用者は、原則として雇用形態の如何を問わず、最低賃金以上の賃金を支払う必要があります。
　地域別最低賃金（例：平成20年地域別最低賃金は、東京都739円、長野県669円）及び産業別最低賃金（例：平成20年一般産業用機械器具製造業の時間給は、東京都810円、長野県779円）が同時に適用されるときは、使用者はいずれか高い方の額を支払う必要があります。
　平成19年11月に成立した改正最低賃金法では、働いても生活保護以下の収入しか得られないワーキングプアの解消を目指し、地域別最低賃金の原則に関する次のような規定（同法9条）などが設けられました。

---

第9条　賃金の低廉な労働者について、賃金の最低額を保障するため、地域別最低賃金（一定の地域ごとの最低賃金をいう。）は、あまねく全国各地域について決定されなければならない。
2　地域別最低賃金は、地域における労働者の生計費及び賃金並びに通常の事業の賃金支払能力を考慮して定められなければならない。
3　前項の労働者の生計費を考慮するに当たっては、労働者が健康で文化的な最低限度の生活を営むことができるよう、生活保護に係る施策との整合性に配慮するものとする。

## 8 男女雇用機会均等法（昭和60年成立。平成9年改正、平成18年改正）

(1) 平成9年改正の内容
① 募集、採用、配置、昇進に関する従来の努力義務を、禁止規定や強行規定としました。
② 女性の機会拡大のためのポジティブ・アクションを適法とし、同措置への国の援助を規定しました。
③ 教育訓練に関する禁止規定の限定をはずし、セクシャルハラスメントに関する事業主の配慮義務を規定しました。
④ 機会均等等委員会による調停を当事者一方の申請でも開始できるようにし（従来は相手方の同意が必要とされていた）、禁止規定への違反のような悪質な事例については厚生労働大臣が企業名を公表できるようにするなど、実効性確保の措置を強化しました。

(2) 平成18年改正の内容（平成19年4月から施行）
① 性差別禁止の範囲の拡大
 (i) 男女双方に対する差別的取扱いを対象
 (ii) 差別禁止事項の拡大（差別的取扱いが禁止される場合について、これまでの事由（募集、採用、配置、昇進、教育訓練、福利厚生、定年、退職、解雇）に、新しい事由（降格、職種・雇用形態の変更、退職勧奨、雇止め（労働契約の更新））を加え、「配置」については業務の配分および権限付与が含まれることを明らかにしました。）
 (iii) 間接差別の導入（省令で規定する場合につき、間接差別が禁止されます。─(ｱ)労働者の募集または採用にあたり、労働者の身長、体重または体力を要件とすること、(ｲ)コース別雇用管理における総合職の労働者の募集又は採用にあたり、転

居に伴う転勤に応じることを要件とすること、(ウ)労働者の昇進にあたり、転勤の経験あることを要件とすること）
② 妊娠・出産を理由とする不利益取扱いの禁止
③ セクシャルハラスメント対策の強化
④ ポジティブアクションの推進
⑤ 実効性確保措置の拡充（調停、企業名公表制度の対象拡大、過料の創設）

## 9　労働安全衛生法

　労働者の安全及び衛生については、労働安全衛生法に定めがあります。使用者は、次の措置をとらなければなりません。
### (1)　安全衛生管理体制（第3章）
　①常時100人以上の労働者を使用している建設業などの屋外作業的業種、②常時300人以上を使用している製造業、電気・ガス・供給業等、③その他の業種で常時1,000人以上を使用している事業において、事業者は、安全衛生の最高責任者として「総括安全衛生管理者」（法10条）を選任しなければなりません。
　そして、事業者は、①②の業種であって常時50人以上を使用する事業場においては「安全管理者」（法11条）を、業種のいかんを問わず常時50人以上を使用する事業場においては「衛生管理者」（法12条）を、それぞれ選任し、安全又は衛生に関する技術的事項を管理させなければなりません。
　常時10人以上50人未満の労働者を使用する事業場においては、「安全衛生推進者」（法12条の2）の選出が必要です。
　また、常時50人以上の労働者を使用する事業場につき健康管理のための産業医（法13条）の選任を命じ、また、労働者50人未満の事業者については医師等に労働者の健康管理の全部又は一部を行わせるように努めなければならないとしています（法13条の2）。

さらに、一定の危険作業については、その指揮者たる「作業主任者」（法14条）の選任が必要となります。
　これらに加えて、建設業と造船業の、元方（＝元請）と下請の労働者が合計50人以上作業に従事している事業場においては、下請会社の混在によって連絡不足等による災害の発生を防止すべく、元方（＝元請）事業者は、当該作業現場における安全衛生の最高責任者としての「統括安全衛生責任者」（法15条）と、これを補佐して安全衛生の実務にあたる「元方安全衛生管理者」（法15条の2）を選任しなければならず、下請業者はこの最高責任者との連絡にあたる者として「安全衛生責任者」（法16条）を選任しなければなりません。
　また、建設業の元方事業者は、規模20人以上のビル建築工事等を行う場合には、当該建設工事を管理する支店・営業所ごとに、一定の資格を有する「店社安全衛生管理者」（法15条の3）を選任し、その者に工事現場の安全衛生担当者に対する指導、工事現場の指導等を行わせなければなりません。

(2)　労働者の危険又は健康障害を防止するための措置（第4章）

　事業者は、危険防止のための措置や、労働者の作業行動から生ずる労働災害を防止するための措置を講じなければなりません。
　特に、建設業の元方（＝元請）事業者の責任が強化されています。これは、建設業において重大災害が発生していた状況にかんがみて、労働災害の発生を抑制するために、最もその能力があると思われる元方（＝元請）事業者に、その現場の安全衛生の統括管理をさせようとするという趣旨に基づいています。
　建設業の元方事業者には、土砂等が崩壊するおそれのある場所、機械等が転倒するおそれのある場所等において、関係請負人の労働者が作業に従事する場合には、関係請負人が危険防止の措置を適正に講ずるように、技術上の指導その他必要な措置を講じる義務が課されます（法29条の2）。

労働法　191

また、建設・造船・製造業の元方事業者に対しては、その労働者および関係請負人の労働者が同一の場所に混在することによって生じる労働災害を防止するために、①協議組織の設置・運営、②作業間の連絡調整、③作業場所の巡視、④関係請負人の安全衛生教育の指導、⑤仕事の工程及び機械・設備等の配置に関する計画の作成と、当該機械・設備等の使用についての関係請負人の法令遵守の指導などの義務が課されています（法30条）。

　建設機械等を用いる仕事を行う場合には、その仕事全体を統括している元方事業者は、その仕事に係る作業に従事しているすべての労働者の労働災害を防止するため、必要な措置を講じなくてはなりません（法31条の3）。

(3)　機械等並びに危険物及び有害物に関する規制（第5章）

　ボイラーなど特に危険な作業を必要とする一定の機械等については、製造の許可及び種々の段階での検査が行われます。また、有害物については、一定の有害物に関する製造等の禁止、製造の許可、一定事項の表示や文書の交付が義務付けられ、また、一定の化学物質に関する有害性の調査が要求されています。

(4)　労働者の就業に当たっての措置（第6章）

　事業者は、労働者に対し、その雇入れ、作業内容の変更及び一定の危険・有害業務への従事の際に、安全衛生教育を行わなければならず（法59条）、また、建設業等の一定業種については新たに職務に就くことになった職長又は労働者を指導監督する者に対する安全衛生教育を行わなければなりません（法60条）。

(5)　健康の保持増進のための措置（第7章）

　労働者の健康管理について、事業者には、労働者に対する定期的な一般健康診断（法66条1項）と、一定の有害業務に従事する労働者に対する特殊健康診断（法66条2項）の実施が義務付けられます。また、平成17年改正により、一定時間を超える時間外労働等を行った労働者を対象とした医師による面接指導等が事業主及び労働者に

義務付けられました（法66条の8）。
(6) 快適な職場環境の形成のための措置（第7章の2）

　事業者は、事業場における安全衛生の水準の向上をはかるため、①作業環境を快適な状態に維持管理するための措置、②作業方法を改善するための措置、③労働者の疲労を回復するための施設・設備などの措置を継続的かつ計画的に講ずることにより、快適な職場環境の形成に努めなければなりません（法71条の2）。

## 10　労働災害

　労働基準法第8章には使用者の災害補償責任が規定されています（療養補償、休業補償、打切補償、障害補償、遺族補償、分割補償等）。もっとも、現実には、使用者の災害補償責任のほとんどが、労働者災害補償保険法に基づく労災保険の給付によって履行されています。労基法に規定する災害補償事由について、労働者災害補償保険法に基づいて給付が行われるべきである場合においては、その価額の限度において使用者は補償の責めを免れる、とされています（労基法84条）。

## 11　労働審判法（平成16年成立。平成18年4月から施行）

　地方裁判所における、裁判官1名と労働審判員（労働関係の専門的知識経験を有する者）2名によって構成される労働審判委員会において、原則として3回以内の期日において非公開審理を行い、話し合いによる解決が成立しないときは判決に相当する「労働審判」が出されます。これにより労働紛争の迅速な解決が行われるようになりました。

## 12　企業の組織再編と労働契約

　最近、日本でもM＆Aと称される企業の組織再編が増加していま

す。この場合、労働契約はどのような取り扱いを受けるのでしょうか。
### (1) 事業譲渡
　A社からB社に対し、A社の事業が譲渡された場合、当該事業に従事する労働者の労働契約の承継は、譲渡当事者たるAB社間で労働契約譲渡の合意がなされ、かつ、労働者の同意を得てはじめて有効となります。事業譲渡によって労働契約が承継されても、具体的な労働条件の内容は、B社と労働者間の合意によるものであり、A社の労働条件が当然に承継されるわけではありません。
### (2) 合併
　労働者の労働契約は、合併後の会社に包括承継されます。合併に際して余剰人員の整理、労働条件の統一の問題が生じることがありますが、それらは、労働契約の包括承継後の配転・出向、整理解雇、労働協約・就業規則の不利益変更の問題として処理されます。
### (3) 会社分割
　A社がその一つの事業を既存のB社に吸収させる場合（吸収分割）、または、A社がその一つの事業を新設されたB社に承継させる場合（新設分割）において、承継される事業を構成するものとして吸収分割契約又は新設分割計画に記載された権利義務は一括して当然にB社（吸収分割承継会社、新設分割設立会社）に承継される、という「部分的包括承継」の考え方がとられているので、労働契約承継法（平成12年成立）では、労働者の職場の変動ができるだけ起きないように、労働契約に関する部分的包括承継の範囲を定めています。

　まず、承継される事業に主として従事する労働者の労働契約は、会社分割によって当然にB社に承継されるべきものであり、転籍について必要とされている労働者の個別同意は必要とされていません。労働者の労働契約は、承継対象となる権利義務として吸収分割契約又は新設分割計画に記載されるべきであり、されなかった場合には労働者は異議を述べることができ、異議を述べればその労働契

約はB社に承継されます。

　他方、承継事業に従として従事してきたにすぎない労働者は、A社（吸収分割会社、新設分割会社）に残ることを保障されます。すなわち、その労働契約が承継対象として吸収分割契約又は新設分割計画に記載された場合には、労働者は異議を述べてA社に残存することができます。

(4) **株式交換**

　A社とB社間で株式交換が行われる場合、両社間には完全親子会社関係が創設され株主の変動が生ずるだけですから、株式交換に固有の労働契約の承継の問題は特に発生しません。

〔六川　浩明〕

# 第8章 ●情報法

## 1 営業秘密

(1) いわゆる「企業秘密」は、不正競争防止法のなかでの「営業秘密」という概念として法的に保護されています。

不正競争防止法は、昭和9年に制定されましたが、平成5年に全面改正され、その後、平成6年、8年、10年、11年、13年、15年、16年、17年、18年と改正されています。このうち、平成15年には個人情報保護法の成立と同時期に企業の営業秘密保護のための刑事罰導入等がなされ、平成17年と平成18年には東アジア諸国等における模倣品・海賊版対策の強化等がなされました。

(2) 「営業秘密」とは、①「秘密として管理されている」(=秘密管理性)、②生産方法、販売方法その他の事業活動に有用な技術上又は営業上の情報」(=有用性)であって、③公然と知られていないもの(=非公知性)(不正競争防止法2条6項)をいいます。

この3要件のうち、裁判で最も問題となるのが、①の秘密管理性の要件です。秘密管理性の要件として、(i)当該情報が営業秘密であることを認識できるようにしていること(客観的認識可能性)、及び、(ii)当該情報にアクセスできる者が制限されていること、があげられています[1]。

営業秘密を侵害された企業には、差止請求権(不正競争防止法3条1項、盗み出された技術情報に基づく製品に係る製造・販売の差止等を求めること)、廃棄除去請求権(同法3条2項、盗み出された顧客名簿等の廃棄を求めること)、損害賠償請求権(同法4条、失われた経済的利益の金銭賠償を求めること)、信用を

---

[1] 東京地裁平12.12.7判決(判例時報1771号111頁)等

毀損された場合は謝罪広告請求権（同法7条）という手段を有します。

　営業秘密の例としては、特許出願前の技術データ、製造ノウハウ、販売マニュアル、顧客情報等、事業に有用で管理されている秘密情報等があげられます。営業秘密に関する不正競争行為の類型（同法2条1項、重過失は悪意と同視）としては、次のものが定められています。

　　営業秘密の不正取得類型
　　　① 保有者→不正取得（4号）
　　　② 保有者→不正取得者→悪意で取得（5号）
　　　③ 保有者→不正取得者→善意で取得したがその後悪意になり、使用・開示（6号）
　　営業秘密の正当取得類型
　　　④ 保有者→正当に取得した者が、不正目的で使用・開示（7号）
　　　⑤ 保有者→正当に取得した者→悪意で取得（8号）
　　　⑥ 保有者→正当に取得した者→善意で取得したがその後悪意になり、使用・開示（9号）

(3)　営業秘密の管理に関する細かなガイドラインとして、経済産業省から営業秘密管理指針（平成17年10月12日改訂）が出されています。

## 2　個人情報保護法

(1)　個人情報保護法の義務規定の適用を受けるのは、書面又はコンピュータで処理された個人情報が体系的に検索可能な状態になっている「個人情報データベース等」を事業の用に供している者です。ただし、個人情報データベース等を構成する個人情報によって識別される特定の個人の数が5,000件に満たない場合は個人情

報取扱事業者の義務が課されません。
(2) 個人情報保護法は、義務規定の適用が、個人情報→個人データ→保有個人データの順に重畳的に適用される仕組みがとられています。そのため、「保有個人データ」を取り扱っている場合には、義務規定がすべて適用されます。一方、「個人情報」のみを取り扱っている場合には、「個人データ」や「保有個人データ」に関する義務規定は適用されません。
(3) 個人情報取扱事業者の義務
　① 利用目的の特定
　　個人情報を取り扱うにあたっては、利用目的をできる限り特定することが義務づけられています。具体的に、どの程度特定するのかは、その利用方法によって個別に検討することとなります。
　② 個人情報の取得
　　個人情報は適正な方法によって取得することが求められ、不正な手段によって取得してはなりません。
　　また、個人情報を取得するにあたっては、直接本人から取得する場合には利用目的を明示し、間接的に取得したときは利用目的を通知もしくは公表しなければなりません。
　③ 安全管理、従業者・委託先への監督
　　個人情報取扱事業者は、個人データを安全に管理する義務を負います。個人情報の漏洩や不正利用に関する事件は跡を絶たず、その多くは安全管理面で問題があるといえます。安全管理にあたって遵守すべき義務は、「安全管理」「従業者の監督」「委託先の監督」の３点です。
　④ 第三者提供の制限
　　個人情報取扱事業者は、原則として、あらかじめ本人の同意を得ないで、個人データを第三者に提供してはなりません。ただし、委託先への提供、合併等に伴う提供、共同利用はこれに

該当しません。

　なお、本人同意が取得できない場合は、第三者への個人データの提供を、本人の求めに応じて停止する「オプトアウト」に応ずる手続を定めていれば提供することが可能です。

⑤　保有個人データの取扱い

　個人情報取扱事業者が、保有個人データを保有している場合には、保有個人データに関する事項（個人情報取扱事業者の氏名又は名称、保有個人データの利用目的）の公表と、本人からの開示・訂正・利用停止等の申出（本人関与）に応じる義務が生じます。その他、本人の求めに応じる手続及び保有個人データの利用目的の通知、保有個人データの開示に係る手続や、手数料を定めた場合には、その額と、苦情の受付窓口の所在などを公表することとなります。

⑥　保有個人データに関する本人の関与等

　保有個人データを保有している場合は、本人から利用目的の通知を求められた場合は、原則として通知しなければなりません。また、開示・訂正・利用停止等の申し出にも応ずる義務が生じます。

　ただし、利用停止等に応ずる義務は、目的外利用、不正取得、第三者への無断提供、のいずれかの手続違反に該当する場合に限られます。

　個人情報の取扱いにあたって問題が生じた場合は、主務大臣からの報告の聴取、助言、勧告及び命令が行われ、その命令に従わないときは罰則が課されます。

(3)　個人情報漏洩後の対応

　万が一、個人情報漏洩事故が発生した場合、企業がとるべき行動として、①被害者への連絡と対応、②公表、③主務官庁への報告、があります。

　そのうち、①に関連して、宇治市住民基本台帳データ漏洩事件

について一人あたり1万円の慰謝料の支払いを命ずる決定*2)、エステティックサロンのアンケート情報に関する個人情報がインターネットで流出した事件について、一人あたり3万円の慰謝料を支払うことを命ずる判決*3)などが参考になります。

(4) ガイドライン

　平成19年3月現在、22分野について35の個人情報保護ガイドラインが定められています。

## 3　著作権

　アナログ時代に精密なコピーを作り出すことは大変でしたが、デジタル時代になると、精巧なコピーを容易に作り出すことができます。そこで、平成11年の改正により、技術的手段の回避（コピープロテクトを外す行為など）を行うことを機能とする装置やプログラムの複製物を、公衆に譲渡・貸与等する行為に対して刑事罰が課されるようになりました。

　また、事情を知りながら、このような技術的保護手段を回避して複製を作った場合は、著作権侵害となります。加えて、電子透かしなどの権利管理情報を故意に除去・改変等する行為も、著作権侵害となります。

　著作権法は近時頻繁に改正されていますが、その改正の経緯は次の表のとおりです。

| 平成元年 | 実演家等保護条約への加入による改正 |
|---|---|
| 平成3年 | ①外国実演家等への貸与権の付与 |
|  | ②著作隣接権の保護期間を50年に |
| 平成4年 | 私的録音録画について、著作権者への補償金支払制度の創設 |

---

*2) 最高裁平14. 7. 11決定
*3) 東京地裁平19. 2. 8判決

| 平成6年 | TRIPS協定への加入に伴う改正 |
|---|---|
| 平成8年 | 著作隣接権の保護範囲の遡及的拡大等 |
| 平成9年 | インターネット時代への対応<br>①公衆送信権の創設（放送と有線放送という従来の概念を統合）<br>②送信可能化権の創設（送信の準備段階における著作権保護） |
| 平成11年 | ①技術的保護手段の回避（コピープロテクトを外す）を行うことを機能とする装置やプログラムの複製物を、公衆に譲渡・貸与等に対して刑事罰<br>②技術的保護手段の回避によって可能となった複製を、事情を知りながら行う場合は、著作権侵害となる。<br>③権利管理情報（電子透かし等）を故意に除去・改変等する行為は、著作権侵害となる。<br>④映画以外の全ての著作物について、原作品または複製物の譲渡により公衆に提供する権利（譲渡権）を創設（いったん適法に譲渡された著作物の複製物等について、その後さらに公衆に譲渡する行為には、譲渡権は及ばない（＝消尽規定））。 |
| 平成12年 | ①著作権等管理事業法の制定<br>②点字データのデジタル化・ネットワーク送信<br>③放送と並行して、著作物のリアルタイム字幕送信可能に<br>④相当な損害額の認定 |
| 平成14年 | ①実演家に、新たに実演家人格権（氏名表示権及び同一性保持権）を付与<br>②放送事業者及び有線放送事業者に、新たに送信可能化権を付与 |
| 平成15年 | ①映画の保護期間を、公表後50年から公表後70年に延長<br>②教育に関する制限規定の見直し<br>③民事救済規定の整備（損害賠償請求の容易化） |
| 平成16年 | ①国外で販売する目的で、現地でライセンス生産した商業用レコードの、日本国内への還流を規制するため、国外頒布目的であることを知って当該レコードを国内に輸入・頒布・頒布目的での所持を、著作権侵害行為とみなす。<br>②書籍についても貸与権が及ぶ<br>③罰則の強化 |
| 平成18年 | ①放送の同時再送信に係る実演家及びレコード製作者の権利の見直し等<br>②同一構内の無線LANによる送信について公衆送信の範囲から除外等<br>③海賊版の輸出又は輸出目的所持と、罰則の強化 |

〔六川　浩明〕

# 第9章●環境関連法

　環境問題は、かつての地域的、局地的な公害問題から今や地球環境問題へと拡大してきています。建設業は自然を相手とする事業である性格から環境問題と切っても切れない関係にあり、建設各企業は騒音・振動、水質汚濁等の従来型の建設公害対策はもとより$CO_2$削減、建設副産物対策、有害物質・化学物質管理、生態系保全等の環境保全対策等へと環境問題への取り組みを広げてきています。

　環境の国際規格であるISO14001（環境マネジメントシステム）を採用する建設企業においては、それに基づいて環境関連の法的要求事項等について対応していると思われますが、ここでは、建設工事の遂行課程において、環境に関するコンプライアンス事例として取り上げられる廃棄物処理法、建設リサイクル法、石綿に関する法規制、土壌汚染防止法等の主な環境関連法について概観します。

## 1　廃棄物処理法の概要

### (1)　法の目的

　廃棄物の処理及び清掃に関する法律（以下「廃棄物処理法」）は、廃棄物の排出を抑制し、その適正な分別、保管、収集、運搬、再生、処分等の処理を通じて、生活環境の保全と公衆衛生の向上を図ることを目的とします（同法1条）。この法律の前身の清掃法の目的は公衆衛生の向上だけでしたが、廃棄物処理法となって生活環境の保全の観点が加わり、また1991年の改正においてその重要性の認識により、「排出の抑制」と「再生」も目的に加えられました。

### (2)　廃棄物の定義と分類

　廃棄物とは、人の活動に伴って発生するもので、「ごみ、粗大ごみ、燃え殻、汚泥、ふん尿、廃油、廃酸、廃アルカリ、動物の死体その

他の汚物又は不要物であって、固形状又は液状のもの（放射性物質及びこれによって汚染された物を除く。）」であるとされています（同法2条1項）。不要物とは自ら利用し又は他人に有償で譲渡できないために不要となった物をいうとされ[*1]、占有者の意思については客観的要素から見て社会通念上合理的に認定しうるものと解されています。

廃棄物は、その発生形態や性状の違いから「産業廃棄物」（事業活動に伴って生じた廃棄物）とそれ以外の「一般廃棄物」に分類されます。また、爆発性、毒性、感染性等人の健康や生活環境にかかる被害を生ずるおそれのある性状を有するものとそれ以外のものの区別から産業廃棄物は「特別管理産業廃棄物」（水銀、カドミウム等）と「その他の産業廃棄物」に、一般廃棄物は「特別管理一般廃棄物」（廃家電のPCBを利用する部品等）と「その他の一般廃棄物」に分類されます。

(3) 産業廃棄物とは

産業廃棄物とは、事業活動に伴って生じた廃棄物のうち、「燃え殻、汚泥、ふん尿、廃油、廃酸、廃アルカリ、廃プラスチック類その他政令で定める廃棄物」及び「輸入された廃棄物」をいいます（同法2条4項）。排出事業者が自ら利用したり、他人に有償売却されているものは廃棄物ではありません。

前述の特別管理産業廃棄物の処理方法などは特別な定めがされています。特別管理産業廃棄物のうち、廃PCB等、PCB汚染物などを「特定有害産業廃棄物」といいます。特別管理産業廃棄物の排出事業者には、特別管理産業廃棄物管理責任者の設置が義務付けられています。

(4) 産業廃棄物の処理責任

一般廃棄物は、その処理を公共サービスとする理念から、市町村

---

*1) 最高裁平11.3.10決定（判時1672号156頁）

が処理責任を負うことが原則となっています。ただ、事業者の事業活動によって発生した廃棄物は、自らの責任で適正に処理する義務があることから（同法3条1項）、事業系一般廃棄物については、市町村長が大口の排出事業者に対し減量化計画の作成等を指示することができ（同法6条の2第5項）、また、一般廃棄物のうち適正な処理が困難と認められるものを環境大臣が指定し、それに関して市町村長が製造業者等に適正処理のために必要な協力を求めることができるとされています（同法6条の3）。

一方、産業廃棄物については、事業者の自己処理が原則とされています（同法11条1項、3条1項）。ただ、事業者が処理費用を負担して運搬、処分を他人に委託することはでき、また一般廃棄物と併せて処理する場合等必要と認められる場合は地方公共団体が処理することができます（同法11条2項・3項）。

建設工事から生ずる廃棄物についての排出事業者は、原則として元請業者と考えられています（平成13年6月1日環廃産276号）[*2]。

### (5) 産業廃棄物の処理

産業廃棄物の排出から最終処分に至る過程では、保管基準、収集・運搬・処分に関する基準など多くの基準が設けられている他、処理業者に対する委託基準が細かく定められています。運搬又は処分を委託できる場合は、委託する相手方が、他人の産業廃棄物の運搬又は処分を業として行うことができる者であって、当該廃棄物の運搬又は処分が、その事業の範囲にあることが必要です。

この委託契約は、書面により行います。当該契約書には、①委託する産業廃棄物の種類及び数量、②運搬の最終目的地の所在地、③処分又は再生の場所の所在地・処分又は再生の方法・処分又は再生

---

[*2] ただし、明確に区分される期間、施工される工事を一括して下請負させ、元請が総合的に企画、調整、指導を行っていないときは下請業者が排出事業者になる場合もあるとされています。東京高裁平5.10.28判決（判例時報1483号17頁）は、一定の場合、下請業者も排出事業者になるとしています。

施設の処理能力、④最終処分の場所の所在地・最終処分の方法・最終処分する施設の処理能力、⑤委託契約の有効期間、支払い金額、受託業者の許可の範囲、⑥運搬の受託者が積替えを又は保管を行う場合、積替えを又は保管場所の所在地・保管できる産業廃棄物の種類・保管上限、⑦安定型産業廃棄物を保管する場合は、他の廃棄物と混合することの許否、⑧委託された産業廃棄物の性状及び荷姿、腐敗等の性状変化、他の廃棄物との混合による支障、その他の取扱注意に関する事項についての情報提供、⑨業務終了時の報告、⑩契約解除した場合の未処理産業廃棄物の取扱いを含む事項が記載され、契約終了の日から5年間保存されます。

　ここで重要なことは、従来の廃棄物処理法では排出事業者が適法に第三者に委託した場合、受託者の違法な廃棄物処理について委託者は責任を免れるとされていたのが、2000年の法改正により修正されたことです。つまり、産業廃棄物について処理基準に適合しない処分が行われた場合は、都道府県知事は、①処分を行った者及び、②委託基準に適合しない委託を行った者に対して、その支障の除去又は発生の防止のために必要な措置を講ずるよう命ずることができる（改善命令）こととし、その他、③産業廃棄物管理票に係る義務に違反した者及び④①～③の者に対して不適正処分・違反行為を要求し、助けるなどの関与をした者を措置命令の対象としました（同法19条の5）。さらに⑤不適正処分を行った者等に資力がない場合で、かつ排出事業者の処理に関し、適正な対価を負担していないとき、又は不適正処分が行われることを知り、又は知ることができたとき等については、排出事業者を措置命令の対象とすることとしました（同法19条の6）。

　第三者との委託契約により産業廃棄物の運搬又は処分を行う場合については、最終処分までの流れを管理するために、産業廃棄物管理票（マニフェスト）制度[*3] が採用されています（同法12条の3）。これは、不法投棄防止を目的とした排出事業者の自己管理制度で

す。すなわち、排出事業者は、運搬又は処分の委託時にこの管理票を交付し、後にその送付を受けない場合、又は一定の事項（最終処分業者の場合は最終処分が終了した日）が記載されていない管理票の写し若しくは虚偽の記載のある管理票の写しの送付を受けた場合は、処分の状況を確認し、適切な措置を講ずることとされています。2000年の改正により中間処理業者をはさんだ場合でも、中間処理業者が他に委託する場合に管理票を交付し、最終処分業者から中間処理業者に管理票が送付された後、その写しを中間処理業者から排出事業者に戻すことにより、排出事業者が確認できるようにしました。排出事業者は委託内容どおりに廃棄物が処理されたことを確認しなければなりません（同法12条の３第５項）。

　他に、排出事業者の義務として、当該事業場ごとに産業廃棄物処理責任者（特別管理産業廃棄物については特別管理産業廃棄物処理責任者）を置かなければなりません（同法12条６項、12条の６第６項）。また、多量の産業廃棄物を生ずる事業場を設置している事業者は、産業廃棄物の原料その他その処理に関する計画を作成して都道府県知事に提出し、計画の実施状況を報告しなければなりません（同法12条７項、８項）。都道府県知事は、その計画及び実施状況を公表し、国民の監視の下に置いています。

(6)　監督措置・罰則
　①　報告の徴収
　　　都道府県知事又は市町村長は、この法の施行に必要な限度において、事業者、一般廃棄物若しくは産業廃棄物又はこれらであることの疑いがある物の収集、運搬若しくは処分を業とする者、一般廃棄物処理施設の設置若しくは産業廃棄物処理施設の設置者等に対して必要な報告を求めることができ（同法18条）、

---

＊3）管理票に代わって電子情報処理組織の利用による電子マニフェストが認められています（同法12条の５）。

また、職員にこれらの者の事務所等に立ち入り、検査等をさせることができます（同法19条）。
② 改善命令

一般廃棄物の処理が処理基準に適合していない場合は市町村長が、産業廃棄物の場合は都道府県知事が、その処理を行った者に対して、処理方法の変更その他必要な措置を講ずるよう命ずることができます（同法19条の3）。
③ 措置命令

産業廃棄物について処理基準に適合しない処分が行われた場合は、前述（205頁）のように都道府県知事は、処分を行った者等一定の者に対し、改善命令を出す他、措置命令の対象とすることができ（同法19条の5）、さらに排出事業者に措置命令を出すことができることになりました（同法19条の6）。このように、排出事業者は適法に委託した場合でも、処理責任について公法上遮断されない法制となりました。
④ 行政代執行

違法処理を行った者等が確知できなかったり、資力がないとき等は措置命令の効果がなく、この場合は命令を出した行政庁が自ら支障の除去措置を行い、その費用を徴収します。さらに2000年の改正により緊急に支障の除去等の措置を講ずる必要がある場合に、措置命令を命ずる暇がないときにも代執行を行うことができるようになりました（同法19条の7、19条の8）。
⑤ 罰則

何人も、みだりに廃棄物を捨ててはならず、また焼却も処理基準に適合する等、一定の場合を除き禁止されています（同法16条、16条の2）。

不法投棄及び不法焼却については、5年以下の懲役若しくは1,000万円以下の罰金又はその併科、法人の代表者・代理人、使用人その他の従業者による違反の場合は、法人に対して罰金

1億円以下とされ（同法25条1項14号・15号、32条1号）、また不法投棄及び不法焼却の未遂も罰せられます（同法25条2項）。

さらに、不法投棄及び不法焼却の目的で廃棄物を収集運搬した者については、3年以下の懲役若しくは300万円以下の罰金又はその併科がされます（同法26条6号）。

## 2 建設資材リサイクル法の概要

### (1) リサイクル関連法の制定の背景

1991年の廃棄物処理法の改正により、その目的に「廃棄物の排出抑制」と「再生」が加えられ、また「再生資源の利用の促進に関する法律」（以下「再生資源利用促進法」）の制定によりリサイクル活動が推進されることになりましたが、再資源価格の低迷等もあり、リサイクルが十分進まない状況がありました。

しかし、最終処分場の逼迫、焼却炉からのダイオキシン等の有害物質排出の問題などもあり、リサイクルの促進にかける社会の要請が高まり、1995年以降、容器包装、家電機器、自動車についての個別のリサイクル推進法が制定されました。さらに2000年には、再生資源利用促進法が改正され、「資源の有効な利用の促進に関する法律」（以下「資源有効利用促進法」）となり、同年建設、食品に関する個別のリサイクル法が制定されました。

### (2) 資源有効利用促進法の目的

資源有効利用促進法は、「資源の有効な利用の確保を図るとともに、廃棄物の発生の抑制及び環境の保全に資する」ことを目的としています。つまり、わが国の持続的発展の課題となっている最終処分場や資源といった環境資源の制約を循環型経済システムを構築することによって解決していこうという考え方のもとに、従前からのリサイクル対策に加えて、事業者による製品の回収・リサイクルの実施による対策の強化、製品の省資源化・長寿命化等による廃棄物

の発生抑制（リデュース）対策、回収した製品からの部品等の再利用（リユース）対策を講じようというものです。「１Ｒ（リサイクル）から３Ｒ（リデュース、リユース、リサイクル）へ」とはそのような意味です。

　この法律では、事業者の主務大臣（経済産業大臣、国土交通大臣、農林水産大臣、財務大臣、厚生労働大臣、環境大臣）が資源の使用の合理化、再生資源、再生部品の利用の総合的推進を図るための方針を策定・公表することとし、また、関係者（事業者、消費者、国・地方公共団体）それぞれの責務が規定されています。そして、基本方針に基づいて、法的措置が必要な製品と業種（７分類）について、主務大臣が「判断の基準となるべき事項」（ガイドライン）を設けることとしています。

　この法律では、事業者の自主的努力によってリサイクルを促進することを基本としており、事業者の再生利用が基準に照らして不十分であっても、指導、助言、勧告、公表等により誘導していく方法がとられています。

　事業者が正当な理由なく指導等に従わないときは、主務大臣は関係審議会の意見を聴取した上で、措置命令を出すことができ、その違反に対しては罰則も用意されています（同法42条）。

(3)　建設資材リサイクル法
　①　法制定の背景
　　　戦後の経済復興の過程で、大量生産、大量消費、大量廃棄の形をとり続けてきた日本の社会経済活動や国民生活は、資源の利用から廃棄物の処理に至るまでの各段階において環境に対する負荷を高めてきました。特に廃棄物の排出量の増大からくる最終処分場不足、不法投棄の多発、環境汚染等は大きな社会問題となっています。

　　　建設資材リサイクル法（正式名称「建設工事に係る資材の再資源化等に関する法律」）が制定された2000年当時の環境省調

査では、建設生産活動による廃棄物は、産業廃棄物全体の排出量の約2割、最終処分量の約4割を占め、不法投棄はコンクリート塊や木屑等建設現場由来のものがその約7割を占めており、そのリサイクルは資源の有効利用上重要な課題でした。そのリサイクル率は、2000年度国土交通省調査においてアスファルト塊98％、コンクリート塊96％と高率である一方、建設発生木材（縮減除く）38％、建設汚泥41％、建設混合廃棄物9％と不十分な状況でした。また、高度経済成長期に建設された建築物の建替え時期が到来することから、それらの解体から発生する廃棄物が急増すると見込まれ、最終処分場の受け入れ余力の急激な減少の中にあって、リサイクル率の向上が求められる状況であり、建設資材のリサイクルに関する法的枠組みを作ることが急務と考えられていました。そのような中で、特定建設資材に係る分別解体等及び特定建設資材廃棄物の再資源化等の促進等を目的に、建設リサイクル法が成立し、2002年5月30日（うち解体工事業者の登録制度等は、2001年5月30日）から施行されました[4]。

② 法律の概要

本法は、廃棄物処理法の下位法として位置付けられています。この法律の特徴は、建設資材の分別解体等・再資源化の義務を基本的に受注者（元請業者と下請業者）に課したところにあり、これを補完するものとして、発注者には、計画届出の義務、再資源化完了の時の受注者（元請業者）からの報告受領、受注者

---

[4] 法施行後の国土交通省調査では、建設廃棄物の最終処分量は建設リサイクルの推進により2005年度建設廃棄物排出量の7.8％となり、2000年度の15.1％を大幅に削減しています。品目別再資源化率は、2005年度においてアスファルト・コンクリート塊98.6％・コンクリート塊98.1％、建設発生木材（縮減除く）68.2％と建設リサイクル法に基づく基本方針の2010年度目標値を達成していますが、建設発生木材及び建設汚泥の再資源化等率、それに、建設混合廃棄物排出量の削減率は、他に比べて低く止まっています。

との適正な契約締結義務を規定しています。
(ⅰ) 分別解体等実施義務

　一定規模以上の建築物その他の工作物に関する建設工事（対象建設工事）[*5]の受注者（又は自主施工者）は、当該建築物等に使用されている特定建設資材（コンクリート、コンクリート及び鉄から成る建設資材、アスファルト、木材）の分別解体等を行うことを義務付けられています（同法9条）。最終処分場の逼迫状況等により都道府県の条例により、対象建設工事の規模を引き下げ、分別解体等を実施すべき範囲を広げることができます（同法9条4項）。なお、正当な理由（建物自体が有害物質で汚染されている場合等、再資源化が不可能又は困難な場合等）がある場合には受注者はこの義務を課されないとされています（同法9条1項）。分別解体は再資源化が前提だからです。

(ⅱ) 再資源化等実施義務

　対象建設工事の受注者は、分別解体等に伴って生じたコンクリート塊、アスファルト・コンクリート塊、建設発生木材（これらを「特定建設資材廃棄物」という）について、再資源化を義務付けられます（同法16条）。(ⅰ)で分別されたものは再資源化が原則として義務付けられていますが、木材については、工事の現場から再資源化施設までの距離が50kmを越えるとき等、再資源化が困難な場合は「縮減」（焼却、脱水等により大きさを減ずること）を行うことが認められています（同法16条但し書）。分別されたものについて、都道府県知事が再資源化実施命令を出すときは、受注者に正当な理

---

[*5) 対象建設工事は、次の建築物や土木工作物の解体工事、新築工事等です。
　　建築物解体工事…床面積80平方メートル以上
　　建築物新築・増築工事…床面積500平方メートル以上
　　建築物修繕・模様替（リフォーム等）工事金額…1億円以上
　　その他工作物に関する工事（土木工事等）工事金額…500万円以上

環境関連法

由がないことが必要となります（同法20条）。
(iii) 発注者による工事の事前届出

発注者は、工事着手の7日前までに、建築物等の構造、工事着手時期、分別解体等の計画等について、都道府県都知事に届け出なければなりません（同法10条1項）。分別解体等・再資源化の費用負担を行う発注者に届出事項について認識させる必要があるからです。対象建設工事の元請業者は、発注者に対し、分別解体等の計画等について書面を交付して説明する義務があります（同法12条1項）。下請業者に対しても、発注者が都道府県知事又は特定行政庁の長に対して届け出た事項を告知しなければなりません（同法12条2項）。

(iv) 適正な契約締結義務

対象建設工事の請負契約（下請契約を含む）の当事者は、建設業法19条1項に定めるもののほか、「分別解体等の方法」、「解体工事に要する費用」、「再資源化をするための施設の名称および所在地」、「再資源化等に要する費用」を書面に記載し、署名又は記名押印して相互に交付しなければなりません（建設資材リサイクル法13条1項）。

これらは、分別解体等及び再資源化等に必要な費用を請負代金額に反映させ、発注者を含め、当事者の適正な分別解体等を促進するためです。

(v) 計画の変更命令

都道府県知事は、届出に係る分別解体等の計画が施工方法に関する基準に適合しないときと認めるときは、その届出を受理した日から7日以内に限り、計画の変更等を命令することができます（同法10条3項）。

(vi) 元請業者から発注者への再資源化等の完了報告

元請業者は、再資源化等が完了したときは、その旨を発注者に書面で報告するとともに、再資源化等の実施状況に関す

る記録を作成し、保存しなければなりません（同法18条1項）。申告の報告を受けた発注者は、再資源化等が適正に行われなかったと認めるときは、都道府県知事に対しその旨を申告し、適当な措置を求めることができます（同法12条2項）。

　都道府県知事は、分別解体等の適正な実施を確保するため必要があると認めるときは、当該建設工事受注者（又は自主施工者）に対し必要な助言、勧告、命令をすることができます。また、再資源化等に関しても都道府県知事は、その適正な実施を確保するため必要があると認めるときは、当該建設工事受注者に対し必要な助言、勧告、命令をすることができます（同法20条）。

(vii)　解体工事業者による工事現場での標識の掲示

　適正な分別解体等を確保するため、解体工事業者は、解体工事の現場ごとに、公衆の見やすい場所に標識を掲示しなければなりません（同法33条）。

(viii)　解体工事業者の登録制度

　建設業の許可を受ける者は、500万円以上の建設工事を請け負う業者に限定されるため、解体工事の請負金額の多くはこれに達せず、よって技術力が不足する不良業者が不適切な解体を行い、不法投棄される一因にもなっていました。そこで、適正な解体工事の実施を確保するため、解体工事を営もうとする者は、都道府県知事の登録を受け（同法21条1項）、解体工事の施工の技術上の管理をつかさどる技術管理者を選任し、施工時には、技術管理者に監督をさせなければならないこととしました（同法31条、32条）。なお、土木工事業、建設工事業等に係る建設業の許可を受けた者は解体工事の登録は不要です。

(ix)　罰則

　分別解体等及び再資源化等に関する命令違反や届出、登録

等の手続き不備等には罰則規定があります（同法48〜53条）。

## 3 石綿（アスベスト）に関する法規制

　石綿（アスベスト）は、天然に産出する繊維状けい酸塩鉱物の総称であり、その耐火性、耐熱性、電気絶縁性、耐腐食性、軽量性等から建材として重宝され、建築物の耐火被覆材等として吹き付け石綿が、屋根材、壁材、天井材等として石綿を含んだセメント等を板状に固めたスレートボード等の建築資材が使用されてきました[*6]。また、電気製品、ガス・石油製品、車両のブレーキなど、日常生活に身近な様々な用途で利用されてきました。

　しかし、石綿の有害性は早くから指摘され、その繊維が空気中に浮遊した状態にあると人体に危険であるといわれてきました。石綿に関する対策は、当初じん肺法（1960年）や特定化学物質等障害予防規則（1971年）により、作業転換、屋内作業場での局所排気装置等の設置、石綿の濃度測定実施等、粉じん対策として実施されてきましたが、石綿のがん原性が認識されるようになってから[*7]は、日本においても1975年に石綿吹き付け作業が原則禁止となるなど規制が強化されてきました。しかし、非石綿への代替の困難性等もあり石綿の製造等がほぼ全面禁止となるに至るには近年まで時間を要し、その間1970年代から1980年代にかけて輸入された石綿の多くは建材として建築物等に使用されてきました。今後これらの建築物等の解体・改修工事が増加し、作業従事者の石綿粉じん曝露リスク、その飛散による近隣地域住民の健康障害リスクの増大が予想されることから、政府では被害発生の防止及びアスベストによる健康被害の救済策を含む総合的なアスベスト

---

\*6）日本ではアスベストは殆ど算出せず、外国からの輸入に頼ってきました。2002年度の厚生労働省の調査によるとアスベストの9割以上が建材に使用されています。

\*7）1972年ILO（国際労働機関）、WHO（国際保健機関）の専門家会議等において石綿ががん原性物質とされてから世界的に広く認識されるようになったといわれています。

対策の推進が図られています。

以下本項では、最近までの石綿に関する法規制の推移を辿り、次に石綿が使用された建築物等の解体や改修の作業を行う場合に、解体・改修工事業者に課せられた労働安全衛生法（石綿障害予防規則）、大気汚染防止法、廃棄物処理法又は建設資材リサイクル法上の法的義務等について述べます。

(1) 石綿規制の沿革

石綿の法規制は、主として労働者の労働環境確保の観点から労働安全衛生関連法[*8]が、一般大気の環境確保の観点から大気汚染防止法や廃棄物処理法の規制が行われてきました。労働安全衛生関連法については、大きく①石綿・石綿含有製品を製造し又は取り扱う作業における労働者の曝露防止対策と②石綿・石綿含有製品の製造、流通、使用等の規制の2つに分かれます。各国の例では、まず①を実施しその後徐々に②の措置をとるというのが一般であり、②に関しては多くの国で、有害性のより強いアモサイト（茶石綿）及びクロシドライト（青石綿）の規制を優先し、その後クリソタイル（白石綿）の規制を導入するという手順を踏んでいます。日本においても、概ねこのような流れになっています。

下表に、日本における主な法規制を時系列的に記します。

| 成立年 | 法令 | 概要 |
| --- | --- | --- |
| 1960年 | じん肺法制定（1960年4月施行） | 石綿吹付け作業等を粉じん作業として位置付け、使用者に健康診断実施等を義務付ける。 |
| 1971年 | 特定化学物質等障害予防規則制定（1971年5月施行） | 粉じん対策として石綿も規制される。屋内作業場での局所排気装置等の設置、石綿の濃度測定実施等 |
| 1975年 | 特定化学物質等障害予防規則改正（1975年10月施行） | 規制対象として石綿含有率が重量比5％を超えるものを定め、石綿吹き付け作業が原則禁止となる。 |

---

[*8] 労働安全衛生法は、職場における労働者の安全と健康の確保、快適な職場環境の形成を目的としています。

| | | |
|---|---|---|
| 1989年 | 大気汚染防止法改正<br>(1989年12月施行) | 石綿は「特定粉じん」とされ、石綿製品の工場等の規制基準(敷地境界濃度10本／L)が定められる。 |
| 1991年 | 廃棄物処理法改正<br>(1992年7月施行) | 飛散性石綿は「廃石綿」とされ、特別管理産業廃棄物として処理基準を規定する。<br>・二重梱包又は固形化し、管理型最終処分場で処分<br>・高温溶融処理し、安定型最終処分場で埋立て処分 |
| 1995年 | 労働安全衛生法施行令・特定化学物質等障害予防規則等改正<br>(1995年4月施行) | ・特に発がん性の強いアモサイト(茶石綿)及びクロシドライト(青石綿)を1％を超えて含有する製品の製造・輸入・譲渡・提供・使用が全面禁止される。<br>・石綿が吹き付けられた耐火建築物、準耐火建築物の解体工事において労働安全衛生法88条に基づく建設工事計画書の提出、また除去作業等に関する規制が強化される。 |
| 1996年 | 大気汚染防止法改正<br>(1997年4月施行) | 吹き付け石綿等使用建築物の解体工事等を「特定粉じん排出等作業」として規制。届出義務の規定。工事箇所の隔離、集じん装置設置等の作業手順の遵守が義務付け。 |
| 2003年 | 労働安全衛生法施行令改正(2004年10月施行) | 代替が困難なものを除く全ての石綿製品(クリソタイル(白石綿)を重量比1％を超えて含有する製品。石綿セメント円筒、押出形成セメント板、断熱材用接着剤等10製品)の製造・輸入・譲渡・提供・使用が禁止される。 |
| 2005年 | 石綿障害予防規則制定<br>(2005年7月施行) | 建築物の解体・改修工事における石綿粉じんによる健康障害防止対策拡充のため石綿に関する独立した規則の制定<br>・事前調査の充実　・作業計画の作成等　・労働基準監督署長へ届出すべき作業の範囲の拡大　・立ち入り禁止の徹底　・発注者による石綿情報の通知　・注文者による費用、工期等についての適切な配慮　・労働者に対する特別教育の実施　等 |
| 2006年 | 「石綿による健康等に係る被害の防止のための大気汚染防止法等の一部を改正する法律」の制定[*9] | 近時、石綿による健康への影響が大きく取り上げられ社会問題化したことを背景として、政府において2005年12月に健康被害者救済策[*10]、今後の被害の未然防止のための対応等を内容とする「アスベスト問題に係る総合対策」を策定。それを受けて、2006年2月に成立。その主な内容は次の通り。<br>①大気汚染防止法の一部改正(2006年10月施行)<br>　石綿粉じんによる大気汚染の防止を徹底するため石綿が使用されている「建築物」に加え、 |

| | | |
|---|---|---|
| | | 工場のプラント等の「その他の工作物」についても解体作業等による石綿粉じんの飛散を防止する対策を義務付ける。<br>②建築基準法の一部改正（2006年10月施行）<br>　石綿の飛散に対する衛生上の措置として建築物は建築材料に石綿を添加しないこと等の基準に適合するものとし、吹き付け石綿、石綿含有吹き付けロックウール等の使用を規制。<br>③廃棄物処理法の一部改正（2006年8月施行）<br>　今後大量に発生することが予想される石綿廃棄物の迅速かつ安全な処理を促進するため、溶融による無害化処理を促進・誘導するため、環境大臣が認定する特例制度を創設。等 |
| | 労働安全衛生法施行令・石綿障害予防規則の改正（2006年9月施行） | ・代替が困難なものを除く石綿及び石綿を重量比0.1％を超えて含有する全ての物の製造・輸入・譲渡・提供・使用の禁止。<br>・吹き付け石綿等の封じ込め又は囲い込み作業に係る措置の追加　等 |

(2) **解体・改修工事業者の法的義務等**

　石綿が使用された建築物等を解体又は改修する工事業者には、労働者の労働環境確保あるいは一般大気の環境確保の観点から次のような法的義務や法的リスクがあります。

① 労働安全衛生法（石綿障害予防規則）による届出義務等

　解体・改修工事業者は石綿が使用されている建築物又は工作物の解体等の作業を行うときは予め当該建築物等について石綿の使用の有無を目視、設計図書等で調査し、その結果を記録しておかなければなりません（石綿規則3条1項）。そして石綿が使用されていることが判明した場合は、予め作業計画を立て、その作業計画に基づいて作業を行わなければなりません（同規

---

*9) その他に公共施設等の石綿除去事業への地方債の特例適用に関する地方財政法の改正があります。
*10) その他2006年2月に石綿による健康被害者及びその遺族で労災補償等の対象とならない者に対し迅速な救済を図ることを目的とした「石綿による健康被害の救済に関する法律」が公布されました。

則4条1項)。

石綿が塗布・注入・張り付けられた建築物等のうち、石綿が吹き付けられた耐火建築物若しくは準耐火建築物又は工作物の解体工事では、作業開始日の14日前までに労働基準監督署長へ「建設工事計画届」を提出しなければなりません（労働安全衛生法88条4項、同規則90条5号の2）。これは最も石綿の飛散の可能性の高い吹き付け石綿の除去等のいわゆるレベル1の作業についての規制です。次に石綿が吹き付けられた耐火建築物又は準耐火建築物以外の建築物又はその他の工作物について、石綿を含有している保温材、耐火被覆材、断熱材の除去、石綿の囲い込み、封じ込めの、いわゆるレベル2の飛散性アスベスト建材の除去等の作業を行う場合は、作業開始日の前までに労働基準監督署長へ「建築物解体等作業届」を提出しなければならないことになっています（石綿規則5条）。そして、レベル1にもレベル2にも該当しないいわゆるレベル3の非飛散性石綿の除去等の作業については届出義務が課されていません。しかし、いずれのレベルの作業においても石綿粉じんの発散防止のための湿潤化、呼吸用保護具や作業衣の使用の措置をとらなければなりません（石綿規則13条、14条）。

② 大気汚染防止法による届出義務

大気汚染防止法は、工場及び事業場における事業活動並びに建築物の解体等に伴うばい煙、揮発性有機化合物及び粉じんの排出等を規制し、大気の汚染に関して国民の健康の保護、生活環境の保全、被害者の保護を図ることを目的としています。この「粉じん」とは、「物の破砕、選別その他の機械的処理又はたい積に伴い発生し、又は飛散する物質」をいい（同法2条8項）、人の健康被害を生じさせるおそれのある「特定粉じん」とその他の「一般粉じん」があります（同法2条9項）。

特定粉じんである石綿については、吹き付け石綿その他の特

定粉じんを発生、飛散させる原因となる建築材料（特定建築材料[*11]）が使用されている建築物の解体等の作業を「特定粉じん排出等作業」と指定し（同法2条12項）、特定粉じん排出等作業を伴う建設工事を施工しようとする者（元請業者）は、特定粉じん排出等作業の開始の日の14日前までに、「特定粉じん排出等作業実施届」を都道府県知事に届け出なければなりません（同法18条の15）。また、作業手順の遵守も義務付けられています（同法18条の14、18条の17）。これらは、レベル1の吹き付け石綿に関する作業だけでなく、いわゆるレベル2の作業（石綿を含有する断熱材・保温材・耐火被覆材が使用される建築物等の解体等）も規制の対象となります。また、作業の方法等を記載した掲示板を「見やすい箇所」に設置しなければなりません（同法施行規則16条の4）。

なお、地方自治体によっては、労働安全衛生法（石綿障害予防規則）や大気汚染防止法の届出とは別に、石綿含有建築物解体等の計画書の提出等、独自の基準を設けているところもあります。

③　廃棄物処理法上の義務

建築物その他の工作物の解体・改修工事によって生じた産業廃棄物は廃棄物処理法に従って処理することになります。石綿含有吹き付け材除去等の工事によって発生する石綿廃棄物は、廃棄物処理法により「廃石綿等[*12]」として特別管理産業廃棄物に指定されており、特別管理産業廃棄物処理責任者の設置、特別管理産業廃棄物処理業者の特定等、廃棄物の排出から最終

---

[*11] 2005年改正により特定建築材料に石綿を含有する断熱材等が追加されました。
[*12] 廃石綿及び石綿が含まれ、若しくは付着している産業廃棄物のうち石綿建材除去事業にかかるものであって、飛散するおそれがあるものとして環境省令で定めるもの（石綿含有吹き付け材除去に係る吹き付け石綿等、石綿含有保温材等除去に係る保温材、耐火被覆材、断熱材等）

処分に至るまで特別の管理体制に置くとともに、特別な処理基準[*13]が規定されています。

石綿含有建材除去等による産業廃棄物のうち特別管理産業廃棄物として管理されるもの以外は、従来通常の産業廃棄物として管理が行われてきましたが、2006年7月の廃棄物処理法関連の改正により工作物の新築、改築又は除去等によって生じた産業廃棄物であって、石綿を0.1％（重量比）を超えて含有するもの[*14]（廃石綿等を除く）を「石綿含有産業廃棄物」として、新たな規制が設けられ、その他の廃棄物と混合しないよう仕切りを設けること、飛散防止のための措置をとること、処理方法に関する具体的な処理計画の策定、マニフェストに産業廃棄物の種類の他「石綿含有産業廃棄物」と記入すること等の石綿含有産業廃棄物としての管理が必要となりました。

④　建設資材リサイクル法による義務

前述のように、特定建設資材に係る分別解体等及び特定建設資材廃棄物の再資源化等の促進等を目的とする建設資材リサイクル法は、一定の規模等の工事においては分別解体が義務付けられ、その際予め石綿等の付着物を確認・除去のうえ解体作業に入ることが求められます（同法9条2項）。分別解体作業を行う7日前までに発注者が所定事項を都道府県知事に届け出なければなりません（同法10条1項）が、請負者は発注者にこれらの事項を記載した書面を交付して説明しなければなりません（同法12条1項）。

⑤　解体・改修工事業者を巡る石綿問題に関する法的リスク

---

[*13] 保管に当たっての梱包等の飛散防止措置、収集・運搬に当たっての他のものとの区分や廃石綿等であること等を記載した文書の携帯、耐水性材料での二重梱包又は固形化後管理型処分場での埋立て処分、溶融処理（中間処理）後の安定型処分場での埋立て処分又は再資源化、無害化処理施設での処理等

[*14] 石綿含有のスレートボード、Ｐタイル、石膏スラグ等

解体・改修工事に従事する自社や下請負業者の労働者あるいは近隣居住者等が当該工事で発生した石綿に起因して健康障害等の損害を被った場合は、解体・改修工事業者や下請負業者に対して安全配慮義務違反（債務不履行）又は不法行為（発注者は共同不法行為）に基づく損害賠償請求がなされるおそれがあります[*15]。上記各法的義務は、労働者の健康被害の防止、大気汚染に関する国民の健康の保護等、廃棄物の適正処理等による生活環境の保全等を目的として規定されたものですが、それぞれの法律の趣旨を理解して石綿の飛散による被害の発生等を防止することが何よりも重要です。

## 4　土壌汚染対策法の概要

　人が汚染土壌の有害物質を直接摂取したり、汚染土壌から有害物質が溶け出した地下水を飲用すること等により人の健康への影響を与えることに対する社会の不安、あるいは土地取引における購入者側からの汚染土壌浄化対策の要請の増加等といった、土壌汚染対策への社会的関心の高まりを背景に、国民の安全と安心の確保を図るため、土壌汚染の状況の把握、土壌汚染による人の健康被害の防止に関する措置等の土壌汚染対策を実施することを内容とする「土壌汚染対策法」が2002年5月に成立し、2003年2月から施行されました。従来土壌汚染関連の法律は、1970年の農用地土壌汚染防止法、1999年のダイオキシン対策法があり、また、有害物質の製造・使用・排出に関しては、水質汚濁防止法・大気汚染防止法・廃棄物処理法等がありましたが、市

---

[*15] 裁判例としては、各種の保温保冷・耐火工事等を業務とする会社の工事現場で監督業務に従事していた社員が石綿粉じんを吸引し、悪性中皮腫により死亡した場合において会社の安全配慮義務違反を認め債務不履行及び不法行為に基づく損害賠償請求が認容された2004年9月16日東京地裁判決（判例時報1882号70頁）及び同事案に関する2005年4月27日東京高裁判決（労働判例897号19頁）等があります。

街地の土壌汚染を包括的に規律する法律はこれが初めてです。
### (1) 土壌汚染状況調査（同法3条、4条）

まず、土壌汚染の状況を把握するため、汚染の可能性のある土地について、次の機会をとらえて調査を行います。

| 調査の機会 | 調査の時期 | 調査義務者 |
| --- | --- | --- |
| 使用が廃止された有害物質[*16)]使用特定施設に係る工場又は事業場の敷地であった土地[*17)]の調査 | 使用が廃止されたとき（廃止日から原則120日以内） | 土地の所有者等[*18)]は、一定の場合を除いて当該土地の土壌汚染の状況について、環境大臣が指定する者（指定調査機関）に調査させて、その結果を都道府県知事に報告しなければなならない。 |
| 土壌汚染による健康被害が生ずるおそれがある土地の調査 | 都道府県知事から調査命令が出たとき（指定日まで） | 都道府県知事は、土壌汚染により人の健康被害が生ずるおそれがある土地があると認めるときは、当該土地の土壌汚染の状況について、当該土地の所有者等に対し、指定調査機関に調査させて、汚染の有無に関わらずその結果を報告すべきことを命ずることができる。 |

### (2) 指定区域の指定・台帳の調製（同法5条、6条）

都道府県知事は、土壌の汚染状態が基準に適合しない土地については、その区域を指定区域として指定・公示するとともに、指定区域の台帳を調製し、閲覧に供します。

つまり、調査で汚染が確認されると指定区域として台帳に登録され、対策が完了するまで公示されます。基準値を超えない汚染の場

---

[*16)] 全ての有害物質が対象ではなく、特定有害物質として26種類を定めています。
[*17)] 操業中の工場でも操業中は調査義務はありませんが汚染の状態により調査命令が出ることがあります。法律施行以後、2007年2月末現在、調査件数は622件、うち、健康被害が生ずるおそれがある土地として調査命令が出た件数は4件、調査の結果、指定区域に指定された件数は172件（うち、81件は、汚染除去等の措置により指定全域解除）となっています。（平成19年版環境循環型社会白書158頁）
[*18)] 「土地の所有者等」とは、土地の所有者、管理者及び占有者のうち、土地の掘削等を行うために必要な権原を有し調査の実施主体として最も適切な者に特定されるものです。通常は、土地の所有者が該当します。

合は台帳には登録されません。台帳には住所、汚染物質の種類、汚染の状態、指定区域の範囲等が記載されます[*19]。

(3) 土壌汚染による健康被害の防止措置

① 汚染の除去等の措置命令（同法7条）

都道府県知事は、指定区域内の土地の土壌汚染により人の健康被害が生ずるおそれがあると認めるときは、当該土地の所有者等に対し、汚染の除去等の措置（立入制限・覆土・舗装、汚染土壌の封じ込め、浄化等）を講ずべきことを命ずることができます。

汚染原因者が明らかな場合であって、汚染原因者に措置を講じさせることにつき土地の所有者等に異議がないときは、上記によらず、都道府県知事は、汚染原因者に対し、汚染の除去等の措置を講ずべきことを命ずることができます。

② 汚染の除去等の措置に要した費用の請求（同法8条）

汚染の除去等の措置の命令を受けて土地の所有者等が汚染の除去等の措置を講じたときは、汚染原因者に対し、これに要した費用を請求することができます。土地所有者等の汚染原因者に対する求償権の時効期間は汚染除去等の措置が完了し、かつ原因者を知ってから3年、もしくは汚染除去等の措置完了から20年と規定されています。

③ 土地の形質変更の届出及び計画変更命令（同法9条）

指定区域内において土地の形質変更をしようとする者は、その14日前までに都道府県知事に届け出なければなりません。都道府県知事は、その施行方法が基準に適合しないと認めるときは、その届出をした者に対し、施行方法に関する計画の変更を

---

[*19] 指定区域に指定された土地の鑑定評価は除去措置を完了して指定台帳から抹消されない限り、汚染が存在するものとして評価されます。したがって土地を購入する場合は、汚染指定履歴、土地利用制限、土地利用履歴、汚染調査・対策の有無、措置命令の有無、周辺環境等の調査が肝要です。

命ずることができます。
　④　土壌汚染関連業務に必要な許可等
　　建設業者が委託を受けて土壌汚染に関する調査業務を行う場合は、土壌汚染対策法に基づく指定調査機関として環境大臣の指定を受ける必要があります。一方、対策工事に関しては、汚染の除去等の措置（立入制限・覆土・舗装、汚染土壌の封じ込め、浄化等）の内容により必要な建設業の許可を要します。

(4)　罰則（同法38条〜42条）
　違反行為に対する罰則は、その内容により「20万円以下の罰金」から「1年以下の懲役または100万円以下の罰金」まで4通りの罰則があります。

(5)　土壌汚染に関するコンプライアンスリスク
　土壌汚染対策法では、特定有害物質を扱っていた施設を廃止したときや行政から人の健康被害が生ずるおそれのある土壌汚染の疑いがあるとして調査を命じられたときに、土地の所有者等に調査を行う義務が発生します。しかし、土壌汚染対策は、このような場合だけでなく、土地の所有者が土壌汚染が判明したときや所有地を処分するときなどに自主的に土壌汚染の調査や対策工事を行うことがあります。これは、法律上の義務としてではなく、第三者への土壌汚染の拡大の防止、有害物質による地域住民や従業員への健康被害の回避あるいは土地売買契約に先立つ瑕疵の除去として行われるものです。土壌汚染に関するコンプライアンス問題は、土壌汚染対策法そのものの法令違反リスクというより、むしろ汚染土壌による不法行為責任あるいは瑕疵担保責任への対応、宅地建物取引業法における重要事項の説明責任等といった点からのリスク対策の比重が大きいと思われます。

〔島本　幸一郎〕

# 第10章●建築基準法・建築士法等

　(財)経済広報センターの「第10回生活者の"企業観"に関する調査報告書」(2007年2月発行)によると、生活者が企業を評価する際に最も重要であると見ているのは「商品・サービスの高い質を維持している」ことで、これは企業が社会から信頼を勝ち得ていくために重要なこととしても一番に挙げられています。一方、(財)建設業情報管理センターと(財)建設経済研究所が実施した『建設業の「企業の社会的責任」に関する動向調査』(2006年11月公表)によれば、調査対象の建設会社が最も重要と考えるCSR項目は、「品質のいい施工を行う」ことです。このように社会が求めているもの、建設会社側が果たすべき社会的責任の最重要事項として考えているものは、「工事の品質」で一致します。にもかかわらず、建設工事の施工段階において「粗雑工事」あるいは「手抜き工事」を発生させるということは、建設業者自ら社会からの評価・信頼に傷をつける「自損行為」であり、場合によっては「自殺行為」といえます。「工事の品質」に対する信頼が建設業者の本分に関わる重大な問題であるが故に、意図的な粗雑工事はもとより論外であり、あってはならないことです。また過失による場合でも、一般人と違い、高度な注意義務を負っている施工のプロとしては回避しなければならないことです。

　「粗雑工事」や「手抜き工事」は施工段階の問題ですが、それ以前の設計段階の手抜きやミスは、同様に設計者の評価と信頼の問題となります。

　安心・安全な建設生産物の提供・社会基盤の整備という重要な使命を有する建設業者の立場から、この章では、まずコンプライアンスとしての「粗雑工事」や「手抜き工事」の一般的な問題点を取り上げ、次いで、2005年の耐震偽装問題に端を発した建築物の安全性確保に関する法改正(2006年6月制定の「建築物の安全性の確保を図るための

建築基準法等の一部を改正する法律」、及び同年12月制定の「建築士法等の一部を改正する法律」）のポイントについて触れ、さらに、これも耐震偽装事件を契機として2007年5月に制定された「特定住宅瑕疵担保責任の履行の確保等に関する法律」の要点について述べます。そして本章の最後に、近時、私たちの日常生活の中で使用される製品の事故が相次いだことを受けて改正された消費生活用製品安全法の概要について記します。

## 1　粗雑工事とは

　粗雑工事とは何かについて、法律上の明確な定義はありません。一般には、建設工事の施工にあたって、故意又は過失により、建築基準法等の法令に違反し又は契約内容と異なる施工を行い、瑕疵がある状態を非難する場合に使われます。粗雑工事と手抜き工事とは、ほぼ同義で使われます。粗雑工事の例としては、過失により設計図書どおりの施工がなされず、その過失を隠蔽して施工を進めたり、あるいは請負契約の約定や建築基準法・同法施行令に違反し、建物に作用する荷重や外力に対して法定の構造耐力上の安全性を欠く工事を行った場合などが挙げられます。
　しかし、明確にどの程度の杜撰さをもって粗雑工事、手抜き工事というか客観的な基準はなく、言えることはいずれにしても発注者の信頼はおろか社会の信頼を失わせることとなる他、建設業者としての建設生産物に対する誇りを自ら捨てることになるということです。その意味で、コンプライアンスを単に法令等遵守という視点だけで捉えると粗雑工事等はコンプライアンスの問題の範疇に収まらない面が生じ、的確な対応ができないおそれが出てきます。
　本章の冒頭でも述べたように、社会、とりわけ顧客やユーザーから建設業者に対しては、安心で安全・快適な生活や生産の基盤づくりの担い手としての信頼・期待があるのですが、それに反して粗雑工事等

を行った場合は、次のようなさまざまな問題を引き起こします。
 (1) 顧客との関係
　工事請負契約を締結した相手方に対しては通常瑕疵担保責任を負っていますので、具体的な瑕疵修補義務や損害賠償義務が生じます。建築工事の瑕疵が重大であって、建築された建物を建て替える他ない等、安全性や耐久性に重大な影響を及ぼすような欠陥があった場合は、それが反社会性、反倫理性を帯びるときは、注文者に対して、不法行為責任（民法709条）を負う場合もあります。また粗雑工事等の態様によっては、例えば工事の手抜きをそのまま秘匿して工事代金の支払いを受けたような場合は詐欺の構成要件に該当し、行為者は詐欺罪（刑法246条）に問われる場合もあります。
 (2) 第三者との関係
　仮に、建物の利用者や通行人などの第三者が粗雑工事による欠陥が原因で財産・身体に損害を受けた場合は、粗雑工事等を行った当該業者は直接第三者に対して不法行為責任として損害賠償義務を負い、建物の所有者等が土地の工作物責任（民法717条）として第三者に損害賠償を行った場合に、原因者である建設業者が求償を受ける場合があります。また刑法的に業務上の必要な注意を怠って人を死傷させたとして行為者は刑事責任（刑法211条の業務上過失致死傷罪等）を問われる場合もあります。
 (3) 行政との関係
　例えば、対象が建築物の場合は建築基準法令や地方自治体の建築基準条例等の法令違反として罰則の対象となる他、請負契約に関し著しく不誠実な行為をしたとき（建設業法28条1項2号）として会社が建設業法上の監督処分[*1]を受け、また各発注機関の指名停止措置を受ける可能性があります。
 (4) 株主との関係
　粗雑工事等により、会社が損害を被った場合は取締役の内部統制構築義務違反として株主から株主代表訴訟が提起されるおそれもあ

ります。
### (5) 社会との関係

　上記の各責任や制裁・措置の他、さらに影響の大きいものとして永年築いてきた社会的な信用の失墜という事態が発生するおそれがあります。これは、建設生産物が人の生命・身体・財産に深く関わるものであるだけに、その制裁は経営に深刻な影響を与える場合もあり得ます。

## 2　建築物の安全性確保等に関する法改正

　2005年に発生した構造計算書偽装問題は、建築物の安全性に対する国民の不安と建築界への不信、建築確認検査制度等に対する国民の信頼の失墜をもたらしました。2006年は、このような問題の再発防止を目指し、建築物の安全性及び建築士制度に対する国民の信頼を回復することを目的として、2段階の法改正が行われました。第1弾が同年6月21日公布の「建築物の安全性を確保するための建築基準法等の一部を改正する法律」であり、第2弾は同年12月20日公布の「建築士法等の一部を改正する法律」です。
　以下、まず、建築基準法の概要を述べた後、2つの改正法の要点について触れます。

### (1) 建築基準法の概要
#### ① 法の目的
　　住宅、学校、病院、事務所、工場、映画館等々、いろいろな構造や用途を持つ建物は、国民の生活や生産活動においてなく

---

*1) 建設業者の不正行為等に対する監督処分の基準についての平成14年3月28日国土交通省総合政策局長通知の三　監督処分の基準　2具体的基準(2)請負契約に関する不誠実な行為の④では、施工段階での手抜きや粗雑工事を行ったことにより、工事目的物に重大な瑕疵が生じたときは、原則として7日以上の営業停止処分を行うこととするとしています。

てはならない重要な財産であり、かつ国民の生命を守る器です。しかし、それぞれが自分の土地の上に自由気ままに建物を建て、住居としたり、生産活動の拠点などにしたら、無秩序で不衛生な、近隣との紛争が絶えない社会となります。建築基準法は、このようなことを防ぐ目的で作られたものです。つまり、「建築物の敷地、構造、設備及び用途に関する最低の基準を定めて、国民の生命、健康及び財産の保護を図る」ことを法の目的としています（同法1条）。

　建築基準法は、1919年の市街地建築物法を受け継いで1950年に制定され、その後日本の社会経済の発展とともに、また地震等や火災による建築物に係る大きな災害を経験する度に改正が繰り返されてきました。

② 　法の要旨

　建築基準法は、まず建築の関与者が行うべき事務的手続を定め、そして建築に際して守るべき諸々の技術的基準を定めています。そして(i)建築物の安全・衛生を確保するための基準として、地震、台風、積雪等に対する安全性、火災時の安全性、採光、換気、衛生設備等の環境衛生に関する基準を定めています。全国一律に適用される単体規定といいます。建築物は、防火上・安全上・衛生上で支障があってはならず、それはどこで建築されるものであっても同じだからです。また(ii)市街地の安全、環境を確保するための基準として、敷地が道路に接することを求める基準、都市計画で定められた用途地域ごとに建築することができる建築物の基準、建築物の容積率、建ぺい率、高さ制限、日影規制等の基準を定めています。これらを集団規定といい、都市計画区域内のみ適用になります。その他、建築基準法違反に対する措置、それに文化財等の法の適用除外項目について定めています。

③　違反建築物等に対する措置

　建築基準法では、違反建築を防止するために建築主に対しその建築計画が法令に適合しているかどうか建築主事又は指定確認検査機関の確認を受けることを義務付けています(同法6条、6条の2)。また確認を受けた建築計画と異なる建物が建つことを防止するために、建築士による工事監理、建築主事又は指定確認検査機関による竣工検査等、特定行政庁の工事停止や除却命令の制度、行政代執行による強制撤去等があります。

**建築基準法違反建築物に対する行政指導・行政処分の流れの概要**

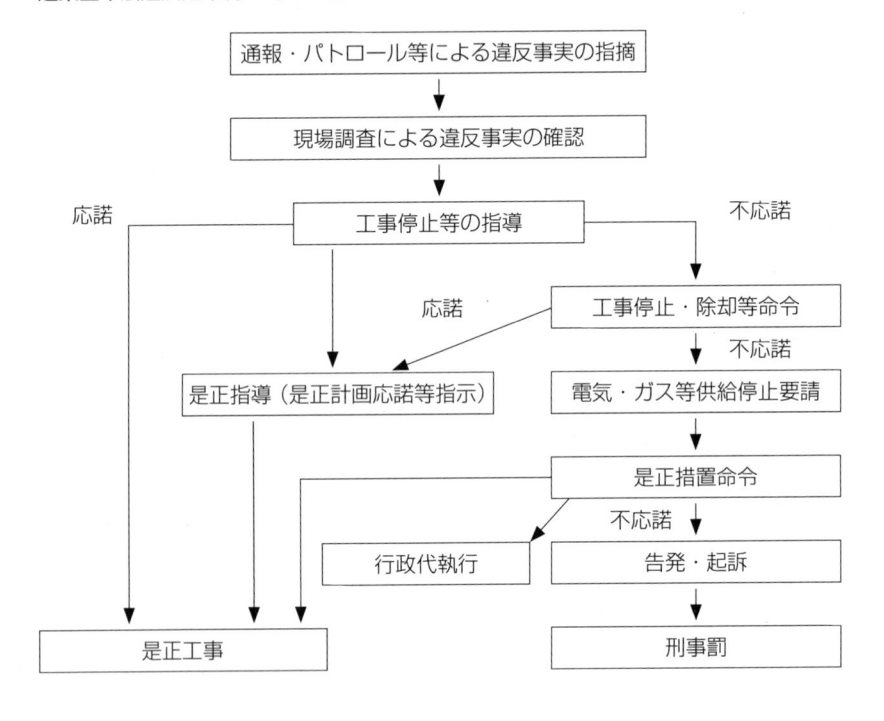

```
          通報・パトロール等による違反事実の指摘
                       ↓
          現場調査による違反事実の確認
                       ↓
応諾       工事停止等の指導        不応諾
  │          │                      │
  │     応諾 │                      ↓
  │          │          工事停止・除却等命令
  │          ↓                      ↓ 不応諾
  │   是正指導(是正計画応諾等指示)   │
  │                      電気・ガス等供給停止要請
  │                                 ↓
  │                          是正措置命令
  │                      不応諾 ↓
  │           行政代執行         告発・起訴
  │               │                 ↓
  ↓               ↓               刑事罰
        是正工事
```

(2)　建築物の安全性を確保するための建築基準法等の一部を改正する法律の概要

　近年建築基準法令は、1998年の大きな改正以来数度の改正がなさ

れ、指定確認検査機関による確認検査や中間検査制度の創設、単体規定の性能規定化、天空率[*2]による高さ制限規定等の導入が行われてきました。

　また、建築物に係る火災事故や外壁落下事故等が多く発生したことを契機に、それまで改正後の新築建物に適用されるのみで、災害リスクの高いままの状態であった既存建築物については、フローからストックの時代への転換期における高いリニューアル需要の下、耐震性能の確保等、安全性向上の要請もあって、2004年改正[*3]がなされ、危険な既存不適格建築物に対する是正勧告、建築物に係る報告・検査制度の充実・強化、既存不適格建築物に関する規制の合理化、容積率規制の柔軟な適用等が図られました。

　そして、2005年に発生した耐震偽装問題をきっかけに、このような問題の再発を防止し、建築物の安全性の確保を図り、国民が安心して住宅の取得や建築物の利用ができるようにするために「建築物の安全性を確保するための建築基準法等の一部を改正する法律」が制定されました[*4]。その要点は、次のとおりです。

①　建築確認検査の厳格化（建築基準法改正）
　　・建築確認検査の厳格化を図るため、建築主事（又は指定確認検査機関）が建築物の確認申請書を受理した場合、一定の構造計算審査について都道府県知事に構造計算適合性判定（構造計算がプログラム等により適正に行われたものであるかどうかの判定）[*5]を求めることを義務づけました（同法6条5

---

[*2] 2002年7月の建築基準法改正により導入された制度であり、高さ制限の性能規定化を図るもの。従来の道路・隣地・北側の各高さ制限規定について、それと同等以上の採光、通風等が確保される建築物を計画する場合は、それぞれの高さ制限を適用しないとするもの。
[*3] 建築物の安全性及び市街地の防災機能の確保等を図るための建築基準法の一部を改正する法律（平成16年法律第67号）
[*4] 施行日は2007年6月23日。そのうち改正建設業法、改正宅地建物取引業法は2006年12月20日施行。

項)。なお、都道府県知事は、都道府県知事が指定する機関に構造計算適合性判定を行わせることができます(同法18条の2)。これはピアチェックと呼ばれます。
- 3階以上の共同住宅について一律に中間検査を義務づけました(同法7条の3第1項)。

  建築主は、建築物の建築等の工事が特定工程[*6]を含む場合に、当該工程に係る工事を終えたときは、その都度建築主事の検査を申請しなければなりません。指定確認検査機関がこの中間検査を引き受けた場合は、指定確認検査機関が中間検査を行います。
- 確認のための審査、構造計算適合性判定、完了検査及び中間検査は、国土交通大臣が定める指針に従って行わなければならないこととしました(同法18条の3)。耐震偽装事件の再発やさらなる不正事件の未然防止のためです。

② 指定確認検査機関の業務の適正化(建築基準法改正)
- 指定確認検査機関の業務の適正化を図るため、人員体制、経理的基礎、公正中立性等の指定要件を強化しました[*7](同法77条の20)。
- 特定行政庁が、建築物の確認検査の適正な実施を確保するため必要があると認めるときは、その職員に指定確認検査機関の事務所に立ち入り、確認検査の業務の状況等を検査させる

---

[*5] 構造計算適合性判定の対象となる建築物は、高さ13m超又は軒の高さ9m超の木造建築物、4階建て以上の鉄骨造建築物(地階を除く)、高さ20m超の鉄筋コンクリート・鉄骨鉄筋コンクリート造建築物等です。

[*6] 階数が3以上である共同住宅の床及び梁に鉄筋を配置する工事の工程のうち一定の工程、その他、特定行政庁がその地方の建築物の建築の動向等を勘案して、区域、機関構造、用途、規模を限って指定する工程

[*7] 常勤の確認検査員が一定数以上、資本金額が一定額以上、親会社が確認検査の業務以外の業務を行っている場合は、その業務を行うことによって確認検査の業務の公正な実施に支障を及ぼすおそれがないものであること等の基準を追加しました。

ことができることとし、また指定確認検査機関に不正行為があった場合、国土交通大臣等の指定権者により業務停止命令等を実施することができるようにする等、指定確認検査機関に対する指導監督を強化しました（同法77条の31）。
- 指定確認検査機関は、その事務所に業務の実績を記載した書類、確認検査員の氏名・略歴を記載した書類等を備え置き、確認を受けようとする者その他の関係人の求めに応じ、これを閲覧させなければならないことにしました（同法77条の29の2）。

③ 建築士等の業務の適正化（建築士法改正）
- 建築士は、常に品位を保持し、業務に関する法令及び実務に精通して建築物の質の向上に寄与するよう公正かつ誠実にその業務を行わなければならないとして職責を法定化し（同法2条の2）、また建築士の信用又は品位を害するような行為をしてはならないとして、信用失墜行為を明確に禁止しました（同法21条の4）。
- 構造計算を行った建築士の責任を明確化し、構造安全性をより担保するために、建築士に対して構造計算により建築物の安全性を確かめた場合は遅滞なくその旨の証明書を設計の委託者に交付することを義務づけました（同法20条2項、35条5号）。なお、証明書の交付先は、設計の委託者であり、建売住宅の購入者や賃貸住宅の居住者等に閲覧させることは想定されていません。
- 建築士は、自己の名義を非建築士等に使用させてはならず（建築士法21条の2）、また建築士事務所の開設者は、自己の名義をもって他人に建築士事務所の業務を営ませてはならないこととしました（同法24条の2）。
- 建築士は、建築基準法の定める建築物に関する基準に適合しない建築物の建築その他に関する法令に違反する行為につい

て指示をし、相談に応じ、その他類似の行為をしてはいけません（同法21条の3）。建築士は、設計又は工事監理、建築基準法等の諸手続きの代理等の知識や経験があり、違反建築行為に加担し易い立場にあるため、これを明確に禁止する趣旨です。

- 国土交通大臣又は都道府県知事は建築士に対し懲戒等の処分をした場合は、その旨を公告し（同法10条5項）、また都道府県知事は、建築士事務所の開設者に対し、事務所の登録の取り消し等の処分をしたときはその旨を公告しなければならないとしました（同法26条4項）。

④ 住宅の売主等による瑕疵担保責任の履行に関する情報開示の徹底（宅地建物取引業法・建設業法改正）

　宅地建物取引業者に対し、宅地建物の売買等の契約締結前に瑕疵担保責任の履行に関する保証保険加入の有無等について取引主任者による相手方への書面での説明を義務づけました（宅建業法35条1項13号）。

　また、建設工事の請負契約の締結に際し、工事の目的物の瑕疵担保責任の履行に関する保証保険契約の締結等についての定めをするときは、その内容を書面に記載しなければならないとしました（建設業法19条1項）。

⑤ 罰則の強化（建築士法・建築基準法・宅地建物取引業法改正）

　違反行為に対する抑止力を高めるために、違反者に対する罰則を大幅に強化しました。

| 法律 | 事由 | 改正法 | 改正前 |
| --- | --- | --- | --- |
| 建築基準法98条、104条 | 違反建築物の是正命令違反や耐震基準等重大な実体規定違反 | 懲役3年以下又は罰金300万円以下（法人の場合は罰金1億円以下） | 罰金50万円以下 |
| 建築基準法99条1項ⅰ～ⅲ | 建築確認・検査の手続違反 | 懲役1年以下又は罰金100万円以下 | 懲役1年以下又は罰金50万円以下 |

| 建築士法35条ⅴ、ⅵ、ⅹ | 建築士・建築士事務所の名義貸し、建築士による構造安全性の虚偽証明[*8] | 懲役1年以下又は罰金100万円以下 | 罰則なし |
|---|---|---|---|
| 宅建業法79条の2、84条 | 不動産取引の際に重要事項の不実告知 | 懲役2年以下又は罰金300万円以下。併科もあり。(法人の場合は罰金1億円以下) | 懲役1年以下又は罰金50万円以下 |

⑥ 書類の保存の義務付け（建築基準法改正）

構造計算の図書を含む確認申請関係書類の重要性から、特定行政庁は、確認その他の建築基準法令の規定による処分等に関する書類を一定の期間保存しなければならないこととしました（同法12条7項・8項）。

(3) 「建築士法等の一部を改正する法律」の概要

建築基準法は、建築物の敷地、構造、設備及び用途に関する最低の基準を定めて国民の生命、健康及び財産の保護を図り、公共の福祉の増進に資することを目的とする（同法1条）のに対し、建築士法は、建築物の設計、工事監理[*9]等を行う技術者の資格を定めて、その業務の適正を図り、建築物の質の向上に寄与させることを目的としています（同法1条）。

2005年の耐震偽装事件を契機に、建築士法は、建築士の資質・能力の向上、高度な専門能力を有する建築士の育成、活用、設計・工事監理業務の適正化、建設工事の施工の適正化等を図り、建築物の安全性及び建築士制度に対する国民の信頼を回復することを目的として改正されました[*10]。以下、その要点について述べます。なお、

---

*8) 構造計算によって安全性を確かめた場合でないのに、証明書を交付すること
*9) 工事監理とは、その者の責任において工事を設計図書と照合し、設計図書どおりに施工されているかどうかを確認することをいいます。
*10)「建築士法等の一部を改正する法律」（平成18年12月20日公布法律第114号）。この法律は、一部の規定を除き公布の日から起算して2年を超えない範囲において政令で定める日から施行することになっています。

同じく改正された建設業法についても説明の便宜上ここで取り上げます。
① 建築士法の改正
　(i) 建築士名簿の閲覧
　　　国土交通大臣は一級建築士名簿を、都道府県知事は二級建築士・木造建築士の名簿を一般の閲覧に供しなければならないことにしました（同法6条）。現行では建築士名簿は非公開ですが、一般の閲覧に供し、併せて建築士名簿の記載事項の拡充を行うことにより消費者が建築士を適切に選別できるようにしたものです。
　(ii) 携帯型建築士免許証の導入
　　　現行の免状型の建築士免許証を顔写真入りの携帯型免許証に変更し、建築主等が建築士本人を確認する場合など活用できるようになります（同法施行規則2条他）。
　(iii) 構造設計一級建築士及び設備設計一級建築士制度の創設
　　　近年の建築技術の高度化に伴い、建築設計分野においても意匠設計、構造設計、設備設計といった分野別の専門化が進んでいます。とりわけ、一定規模以上の建築物については構造設計や設備設計には高度の技術が必要とされています。このため一定規模以上の建築物の構造設計及び設備設計について高度な専門能力を有する建築士の制度を創設しました。これが構造設計一級建築士及び設備設計一級建築士制度です。
　　A．構造設計一級建築士証及び設備設計一級建築士証の交布等
　　　(ア) 次のいずれかに該当する一級建築士は、国土交通大臣に対し、構造設計一級建築士証の交付を申請することができることとしました（同法10条の2第1項）。

| イ. | 一級建築士として5年以上構造設計の業務に従事した後、国土交通大臣の登録を受けた者(登録講習機関)の講習課程を申請前1年以内に修了した一級建築士 |
|---|---|
| ロ. | 国土交通大臣がイ．と同等以上の知識・技能を有すると認める一級建築士 |

　　(イ)　次のいずれかに該当する一級建築士は、国土交通大臣に対し、設備設計一級建築士証の交付を申請することができることとしました(同法10条の2第2項)。

| イ. | 一級建築士として5年以上設備設計の業務に従事した後、登録講習機関の講習課程を申請前1年以内に修了した一級建築士 |
|---|---|
| ロ. | 国土交通大臣がイ．と同等以上の知識・技能を有すると認める一級建築士 |

　　(ウ)　国土交通大臣は上記(ア)(イ)の交付の申請があったときは遅滞なく交付しなければなりません(同法10条の2第3項)。
　B．構造設計一級建築士及び設備設計一級建築士による構造設計・設備設計の適正化
　　(ア)　構造設計一級建築士による構造関係規定への適合性の確認(同法20条の2)
　　　　a．構造設計一級建築士は、高さが60メートル超の建築物で、極めて高度な構造計算が義務付けられ、大臣認定が必要となるもの等、建築基準法20条1号又は2号に掲げる一定規模以上の建築物[11]の構造設計を行った場合は、その構造設計図書に「構造設計一級建築士」である旨の表示をしなければならないとしました。
　　　　b．構造設計一級建築士以外の一級建築士がその構造設計

---

＊11)　この建築物の工事は、構造設計一級建築士の構造設計、又は構造設計一級建築士が構造関係規定への適合性を確認した構造設計によらなければすることができないとされました(建築基準法5条の4第2項)。

を行った場合は、構造設計一級建築士に建築基準法に基づく構造関係規定に適合するかどうかの確認を求めなければならないとしました。

(ｲ) 設備設計一級建築士による設備関係規定への適合性の確認（同法20条の３）

　　a．設備設計一級建築士は、階数が３以上で床面積合計が5,000平方メートル超の建築物[*12]の設備設計を行った場合は、その設備設計図書に「設備設計一級建築士」である旨の表示をしなければならないとしました。

　　b．設備設計一級建築士以外の一級建築士がその設備設計を行った場合は、設備設計一級建築士に設備関係規定に適合するかどうかの確認を求めなければならないとしました。

(iv) 建築士の資質、能力の向上

(ｱ) 建築士に対する定期講習の受講を義務付け

建築士事務所に所属する建築士（一級建築士、二級建築士、木造建築士）、それに今回新設された構造設計一級建築士及び設備設計一級建築士は、一定の期間ごとに国土交通大臣の登録を受けた者（登録講習機関）が行う講習を受けなければならないことにしました（同法22条の２）。これは、取りも直さず建築技術の高度化や建築基準法等の改正に的確に対応し設計等の業務が適正に実施されるよう、また今回の改正により構造設計及び設備設計の適正化を図るために導入された構造設計一級建築士及び設備設計一級建築士による法適合確認制度が適正に実施されるよう担保

---

＊12）この建築物の工事は、設備設計一級建築士の設備設計、又は設備設計一級建築士が設備関係規定への適合性を確認した設備設計によらなければすることができないとされました（建築基準法５条の４第３項）。

することを目的としています。
  (ｲ)　建築士試験の受験資格の見直し
　　一級建築士試験の受験資格を、大学等において建築に関する一定の科目を修めて卒業した者であって、卒業後建築に関する一定の実務経験を一定期間以上有する者とするなど、一級、二級建築士及び木造建築士試験の受験資格の見直しが行われています（同法14条、15条）。
(ⅴ)　設計・工事監理業務の適正化、消費者への情報開示
  (ｱ)　建築士事務所を管理する管理建築士の要件強化
　　管理建築士は、建築士として3年以上の設計の業務に従事した後、登録講習機関が行う講習の課程を修了した建築士でなければならないとしました（同法24条2項）。これは、建築士事務所を管理し、技術的事項を総括する立場にある管理建築士がその業務を適切に遂行するには高度な能力が要求されることから、従来管理建築士の要件について定めがなかったものを規定化し、建築士事務所の業務の適正化を確保する観点から強化するものです。
  (ｲ)　管理建築士等による設計受託契約等に関する重要事項の説明の実施
　　建築士事務所の開設者は、設計又は工事監理を受託する契約を建築主と締結しようとするときは、予め、建築主に対して管理建築士その他の当該建築士事務所に所属する建築士に設計受託契約等の内容及びその履行に関する重要事項（工事監理の方法、報酬額、設計又は工事監理を担当する建築士の氏名等）について書面を交付して説明させなければならないとしました。この場合管理建築士等は建築主に対して免許証を提示しなければならないとしました（同法24条の7）。これは、今日の建築設計の専門分化・高度化を背景として、契約に係る紛争等を未然に防止するため

に建築主に設計等の内容や業務体制等が的確に示されることが必要であるという考えに基づくものです。

(ウ) 一定の建築物等について一括再委託の禁止

　建築士事務所の開設者は、委託者の許諾を得た場合においても委託を受けた設計又は工事監理の業務を建築士事務所の開設者以外の者に委託してはならないとしました（同法24条の3第1項）。これは、設計及び工事監理に関して、建築士事務所の開設者以外の者に再委託を行うことを認めると、無資格者による不適切な設計等を助長し、安全性等に必要な性能を備えない建築物の出現を招きかねないという危惧から規定されたものです。委託者の承諾の有無に関わらず明確に禁止されています。

　また、建築士事務所の開設者は、委託者の許諾を得た場合においても委託を受けた設計又は工事監理（共同住宅その他の多数の者が利用する一定の建築物であって一定の規模以上のものの新築工事に係るものに限る）の業務を、それぞれ一括して他の建築士事務所の開設者に委託してはならないこととしました（同法24条の3第2項）。このように他の建築士事務所の開設者に委託する場合であっても、しかも委託者の許諾があった場合でも、一括再委託が禁止されるのは、共同住宅等の多数の者が利用する建築物については、例えば分譲マンションのように設計等の委託者（建築主等）と建築物の最終利用者（購入者）は異なる場合が多く、一括再委託による不利益（設計等の手抜き等による欠陥建築物の所有等）を利用者が直接被ることになり、また、耐震偽装事件のように欠陥建築物の出現は社会的な影響は甚大になるおそれがあるからです。この趣旨は、次の建設業法の一部改正にも表れています。

② 建設業法の一部改正
(i) 一定の民間工事における一括下請負の禁止

建設業者が請負った建設工事が多数の者が利用する政令で定める一定の施設又は工作物に関する重要な建設工事である場合は、一括下請負は全面的に禁止となりました（同法22条3項）。これは分譲マンションのように発注者(開発事業者等)と最終利用者（購入者）が異なる工事等においては、発注者の承諾のみによる一括下請負は、元請負業者のブランドを信頼した最終利用者の信頼を損なうことになるからです。

(ii) 工事監理に関する報告

建築士法において、建築士が工事監理を行う場合、工事が設計図書どおり実施されていないと認めるときは、直ちに工事施工者に対してその旨を指摘し設計図書どおりに施工するよう求め、工事施工者がこれに従わないときはその旨を建築主に報告しなければならないとされています（建築士法18条3項）。これに対して、建設業法23条の2が新設され、請負人（工事施工者）は請負った工事の施工について、建築士法18条3項に基づき、工事監理者である建築士から設計図書通りに施工するよう求められた場合において、これに従わないときは直ちに注文者に対してその理由を報告しなければならないこととなりました（同法23条の2）。これは、施工に当たる建設業者は施工技術をもって設計図書どおり施工を行う責務を負っており、そのために工事現場に一定の資格を有する監理技術者等を配置しているのであり、工事監理者との間で設計図書どおりの施工であるかどうかについて見解の相違が生じた場合は工事監理者だけでなく施工者の意見も報告させ、発注者が適切な判断ができるようにする趣旨のものです。

(iii) 時効の中断等

建設工事紛争審査会は、あっせん又は調停に係る紛争につ

いて、それらによる解決の見込みがないと認めるときはそれらを打ち切ることができるものとし（同法25条の15）、打ち切られた場合の当該あっせん又は調停の申請者が打ち切りの通知を受けた日から一月以内に調停の目的となった請求について訴えを提起したときは、時効の中断については、あっせん又は調停の申請があったときに訴えの提起があったものとみなすことにしました（同法25条の16）。これらは、いずれも従来なかった規定ですが、ADR法（裁判外紛争解決手続の利用の促進に関する法律）において、法務大臣の認証を受けた紛争解決事業者が行う紛争解決手続について、紛争解決手続を途中で打ち切った場合は同手続の申立て時に遡って時効の中断が認められていることとの整合性、また消費者保護・下請負業者保護の観点から建設工事紛争審査会の紛争解決手続を利用しやすくし、解決手続に実効性を持たせることを目的として導入されたものです。

　また、建設工事紛争審査会の紛争解決手続と並行して訴訟が係属している紛争について当事者があっせん又は調停により解決を図ろうとする場合に、裁判所の判断で、四月以内の期間、訴訟手続を中止できるとする規定（同法25条の17）が設けられました。

(iv)　監理技術者資格者証の携帯が必要な工事の範囲の拡大

　「公共性のある施設若しくは工作物又は多数の者が利用する施設若しくは工作物に関する一定の重要な建設工事」（公共工事の他、学校・病院等の民間工事も含む）について、工事現場ごとに専任者でなければならない監理技術者は、監理技術者資格者証の交付を受けている者であって国土交通大臣の登録を受けた講習を受講したもののうちから選任しなければならないものとしました（同法26条）。これは対象工事が従来「公共性のある工作物に関する重要な工事」とだけ規定

されていたものを、政令との整合性を図り条文を適正化したものです。

(v) 営業に関する図書の保存

建設業者は、その営業所ごとに、請け負った工事の名称等を記載した帳簿とその貼付書類の保存を義務付けられていましたが、今回の改正により帳簿以外に営業に関する一定の図書（施工に関する協議の記録や竣工図等）を保存しなければならないことにしました（同法40条の3）。これらの書類を保存することにより、工事目的物の引渡し後に生ずる紛争（瑕疵担保責任等）の解決の円滑化を図るためです。保存図書や期間は国土交通省令で定められます。

(vi) 施行日

改正建設業法は、一部を除き公布日（2006年12月20日）から起算して2年以内において政令で定める日から施行されることになっています。

## 3 住宅瑕疵担保履行法の概要

いわゆる耐震偽装事件を契機としてその再発防止策として制定された上記の改正建築基準法、改正建築基準法等に次いで、「特定住宅瑕疵担保責任の履行の確保等に関する法律」[*13]（以下「住宅瑕疵担保履行法」）があります。本項では、法制定の背景や趣旨、資力確保措置を義務付けられた事業者の範囲、その資力確保措置の内容及び対象となる瑕疵担保責任の範囲等について述べます。

---

*13) 2007年5月30日公布（平成19年法律第66号）、施行は公布日後1年以内で別途政令で定める日から。ただし、住宅瑕疵担保保証金の供託又は住宅瑕疵担保責任保険契約の締結義務を課す規定等は公布後2年6ヶ月以内で政令で定める日から。

(1) 法制定の背景・趣旨

　新築住宅[*14)]の売買契約又は工事請負契約について、2000年4月施行の「住宅の品質確保の促進等に関する法律」(以下「住宅品質確保法」)に基づいて、売主又は請負人は、買主又は発注者に対して、住宅の基本構造部分[*15)]について10年間の瑕疵担保責任を負うことが義務付けられています。しかし、先の耐震偽装事件のように、売主等が倒産し、買主等に対して損害賠償等の瑕疵担保責任を履行することができなければ、住宅品質確保法の目的は果たされず、消費者保護の制度としては不充分なものとなります。

　そこで、万一、このように売主等が倒産した場合でも、買主等の損害賠償請求権等を実現するための方策として制定されたのが住宅瑕疵担保履行法です。つまり、この法律では、新築住宅を供給しようとする売主(宅地建物取引業者)及び請負人(建設業者)が、住宅品質確保法94条1項又は95条1項の規定による10年間の瑕疵担保責任(特定住宅瑕疵担保責任[*16)])の履行が可能となるようにその資力を確保するため一定の保証金の供託[*17)]又は保険契約の締結を義務付けられました。売主又は請負人が倒産等により特定瑕疵担保責任の履行ができなくなった場合に保証金の還付又は保険金により必要な費用が支払われることになり、これにより新築住宅の買主又は住宅新築工事の発注者の利益の実質的な保護と住宅の円滑な供給が図られることになります。

(2) 資力確保措置を義務付けられた事業者の範囲

　本法において上記のような資力確保措置の義務付けの対象となる

---

*14) 住宅のうち、①建設工事完了の日から起算して1年以内のもので、かつ②人の居住の用に供したことが無いものをいいます(本法2条2項、住宅品質確保法2条2項)。
*15) 構造耐力上主要な部分及び雨水浸入防止部分
*16) 住宅瑕疵担保履行法2条4項
*17) 建設業者による住宅建設瑕疵担保保証金の供託及び宅地建物取引業者による住宅販売瑕疵担保保証金の供託をいいます。

のは、所有者となる買主又は発注者に新築住宅を引き渡す宅地建物取引業者（宅地建物取引業法の免許を受けた宅地建物取引業者）や建設業者（建設業法の許可を受けた建設業者）に限定されています（住宅瑕疵担保履行法1条、2条2項・3項等）。ただし、買主又は発注者が宅地建物取引業者である場合は対象から外されています（同法2条5項2号ロ、6項2号ロ）。つまり、宅地建物取引業者が発注者となって建設業者と請負契約を締結する場合や宅地建物取引業者同士の売買契約の場合は、新築住宅であってもこれらの請負人や売主は資力確保措置の義務付けの対象とはなりません。

　住宅品質確保法では、10年の瑕疵担保責任が新築住宅の建設工事の請負人及び売主すべてを対象としているのに対し、住宅瑕疵担保履行法では、何故このように資力確保措置の義務付けの対象を限定するのかについては、前者は民法における瑕疵担保責任の期間短縮、内容限定という作為行為を私法上の強行規定をもって禁止しようとするものであるのに対し、後者では資力確保措置という民法上規定する内容を超える新たな措置の実施を行政法上義務付けることを規定しており、前者の責任よりもさらに重い規制となることから消費者保護という目的に照らし必要最小限の範囲とすることが求められるからとされています[*18]。

### (3)　資力確保措置の内容

　新築住宅の請負人（建設業者）及び新築住宅の売主（宅地建物取引業者）の資力確保義務について、本法では、同様の規定の仕方となっています。ここでは、建設業者の場合で説明します。

　建設業者は、毎年の基準日（3月31日と9月30日）において、その基準日前の過去10年間に、住宅新築工事の請負契約に基づき発注者に引き渡した新築住宅の引渡戸数に応じて算定される住宅建設瑕疵担保保証金を供託しなければなりません（同法3条1項）。これ

---

＊18）「図解でわかる住宅瑕疵担保履行法Q＆A」（ぎょうせい刊）19頁

は、特定住宅瑕疵担保責任の期間は新築住宅の引渡後10年間であるため、基準日において請負人である建設業者が責任を負っている過去10年間に引渡した住宅の戸数を基礎として、その責任を履行するために必要十分な金額を消費者保護の観点から一般財産から隔離しておこうとする趣旨です。ただその際、本法に基づき国土交通大臣が指定する住宅瑕疵担保責任保険法人との間で一定の要件に該当する保険契約（住宅瑕疵担保責任保険契約）を締結した場合は、当該保険契約に係る住宅については住宅建設瑕疵担保保証金の算定の対象となる新築住宅から除外されます（同法3条2項）。当該保険法人から保険金が支払われ、供託の場合と同様に発注者の保護が図られるからです。

なお、瑕疵が発生した場合でも修補費用が少ないとみられる床面積55㎡以下の小規模な新築住宅については、建設業者の過大な負担を避けるため建設新築住宅の合計戸数の算定上2分の1とするとされています（同法3条3項）[*19]。

(4) 対象となる瑕疵担保責任の範囲

本法により、建設業者や宅地建物取引業者の資力確保義務の対象となる瑕疵担保の範囲は、住宅品質確保法の場合と同様、新築住宅の基礎、土台、床、柱、壁等の構造耐力上主要な部分及び雨水の浸入を防止する部分に限られます。

(5) 罰則

本法による供託義務又は保険加入義務に違反して請負契約又は売買契約を締結した場合、建設業者又は宅地建物取引業者は1年以下の懲役又は100万円以下の罰金に処せられる（同法39条）他、本法

---

[*19] 本法では、その他に住宅建設瑕疵担保保証金の国債等の有価証券による供託（同法3条5項）、基準日における住宅建設瑕疵担保保証金の供託及び住宅建設瑕疵担保責任保険契約の締結状況に関する許可行政庁への届出義務（同法4条1項）、瑕疵発生時の住宅建設瑕疵担保保証金の還付等（同法6条1項）、建設業者による住宅建設瑕疵担保保証金の取戻しに関する定め（同法9条1項）等があります。

に違反した宅地建物取引業又は建設業者は建設業法又は宅地建物取引業法に基づく監督処分を受けることになります。

## 4 消費生活用製品の安全に関する法改正

消費生活用製品安全法は、日常生活の中で用いられる製品が、消費者の生命又は身体に危害を及ぼすのを防ぐために、危険とみなされた製品の製造や販売を規制するとともに、製品の安全性確保に向けた民間事業者の自主的な取り組みを促進し、もって一般消費者の利益を保護することを目的として、1973年に成立したものです。以来、時代の要請に応じて数次の改正を経てきましたが、近年、ガス瞬間湯沸かし器や家庭用シュレッダー等による事故が続発したことを受け、製品事故情報の報告義務や公表制度等に関する改正がなされました（2006年12月6日改正法公布、2007年5月14日施行）。

建築物や構築物そのものはこの法律の対象となる「消費生活用製品」には入りませんが、建築物等を構成しているものでも、シャッターや窓、ドア等の一般消費者がショールームやカタログ等で購入することが可能なものはこの「製品」に該当し、また「製品」の製造・販売の事業者に限らず、これらの「製品」を修理又は設置した事業者にも製品事故の通知に関する基本的な責務が課されています。

以下、この改正法の概要を記します。

### (1) 製品事故情報報告・公表制度

改正法の製品事故情報報告・公表制度は、大きく①事故情報の収集と公表、②事故の再発防止対策の措置からなります。

|  | ①事故情報の収集と公表 | ②事故の再発防止対策 |
|---|---|---|
| 事業者の基本的責務 | 製造、輸入、小売販売に係る事業者は、その消費生活用製品の事故に関する情報を収集し、一般消費者に適切に提供するよう努めなけ | 製造又は輸入の事業者は、事故が生じた場合は、その製品事故の原因を調査し、製品の自主回収等の措置をとるよう努めなければなら |

|  |  | ればならない。(同法34条1項) | ない。(同法38条1項) |
|---|---|---|---|
| 事業者の義務 |  | 製造又は輸入の事業者は、重大製品事故が生じたことを知ったとき、知った日から10日以内に当該製品の名称、型式、事故の内容等を経済産業大臣（主務大臣）に報告しなければならない。(同法35条1項・2項) | 販売事業者は、製造又は輸入の事業者が回収措置等を行うときはそれに協力するよう努めなければならない。特に、危害防止命令が発動された際は協力義務が生じる。(同法38条2項・3項) |
| 経済産業大臣（主務大臣）の役割 |  | 重大製品事故等を知った場合には、当該製品の名称、型式、事故の内容等を一般消費者に迅速に公表する。(同法36条1項) |  |
| 販売事業者等の通知義務 |  | 小売販売、修理、又は設置工事の事業者は、製品事故が生じたことを知ったとき、その事故の内容を製造、輸入事業者に通知するよう努めなければならない。(同法34条2項) |  |

(2) 用語の定義

① 消費生活用製品

「消費生活用製品」とは、主として一般消費者の生活の用に供される製品（別表[20]に掲げるものを除く）をいうとされています（同法2条1項）。このように、この法律では、別表に掲げるものが消費生活用製品から除外される以外は、あらゆる消費生活用製品が対象となります。

「製品」とは、工業的プロセスを経た物であって、独自に価値を有し、一般消費者の生活の用に供される目的で、通常、市場で一般消費者に販売されるものをいいます。したがって、前述のように建築物等を構成するシャッターや窓、ドア等の一般

---

[20] 食品衛生法に基づく食品・添加物・洗浄剤、消防法に基づく消火器具等、毒物及び劇物取締法に基づく毒物・劇物　等

消費者が購入可能な物の他にも、床暖房、インターホン、ガス警報器、一般消費者が自ら設置できるように販売されている一般家屋用の屋根材や断熱材、ガーデニング用のレンガ等についても、消費生活用製品に該当するとされています[21]。

② 製品事故・重大製品事故

「製品事故」とは、消費生活用製品の使用に伴い、生じた事故のうち、

(i) 一般消費者の生命又は身体に対する危害が発生した事故

(ii) 消費生活用製品が滅失し、又は毀損した事故であって、一般消費者の生命又は身体に対する危害が発生するおそれがあるもの

のいずれかに該当するものであって、消費生活用製品の欠陥[22]によって生じたものでないことが明らかな事故以外のものをいいます（同法2条4項)[23]。「消費生活用製品の欠陥によって生じたものでないことが明らかな事故」とは、誰の目から見ても製品の欠陥によって生じた事故でないことが明白なもの、例えばその製品を使って故意に人を傷つけたような場合は、この法律の製品事故には該当しないということです。この「製品の欠陥によって生じたものでないことが明らかな事故以外のもの」とは、製品の欠陥によって生じた事故の他、製品の欠陥によって生じた事故か不明なものも、この「製品事故」に含ま

---

[21] 経済産業省「消費生活用製品安全法に基づく製品事故情報報告・公表制度の解説～事業者用ハンドブック～」8頁

[22] この法律でいう製品の「欠陥」と、製造物責任法でいう「欠陥」の違いは、前者が製品の不具合が生じた時点において、当該製品が通常有すべき安全性を欠いた状態をいうのに対し、後者は製品の出荷時における技術的水準等を考慮して、当該製品が通常有すべき安全性を欠いていることをいうとされています。

[23] また、他の法律の規定によって危害の発生及び拡大を防止することができると認められる事故として政令で定めるもの（食品衛生法に規定する器具、容器包装又はおもちゃに起因する食品衛生上の危害（食中毒等））は「製品事故」に該当しないとされています。

建築基準法・建築士法等

れるとされています。

　では、報告の対象となる「重大製品事故」とはどのような場合かというと、「製品事故のうち、発生し、又は発生するおそれがある危害が重大であるものとして、当該危害の内容又は事故の態様に関し政令で定める要件に該当するもの」です（同法2条5項）。

　具体的には、次のような事故が重大製品事故となります。
（ⅰ）　一般消費者の生命又は身体に対する危害が発生した事故
　　・死亡事故
　　・重傷病事故（治療に要する期間が30日維持用の負傷・疾病）
　　・後遺障害事故
　　・一酸化炭素中毒事故
（ⅱ）　消費生活用製品が滅失し、又は毀損した事故であって、一般消費者の生命又は身体に対する危害が発生するおそれがあるもの
　　・火災（消防が確認したもの）

(3)　設置工事業者の責務

　前述のように、消費生活用製品の設置工事業者は、その設置工事に係る消費生活用製品について重大製品事故が生じたことを知ったときは、その旨を当該消費生活用製品の製造事業者又は輸入事業者に通知するよう努めなければなりません（同法34条2項）[24],[25]。

　そして、製造事業者又は輸入事業者は、重大製品事故が生じたことを知ったとき、知った日から10日以内に当該製品の名称、型式、事故の内容等を経済産業大臣（主務大臣）に報告しなければなりません。主な手続きの流れは次のとおりです。

---

[24]　重大製品事故を未然に防ぐために、重大製品事故に至らない軽微な事故情報についても情報収集する意味があることから、独立行政法人製品評価技術基盤機構（nite）が行う事故情報の収集に協力する必要があります。

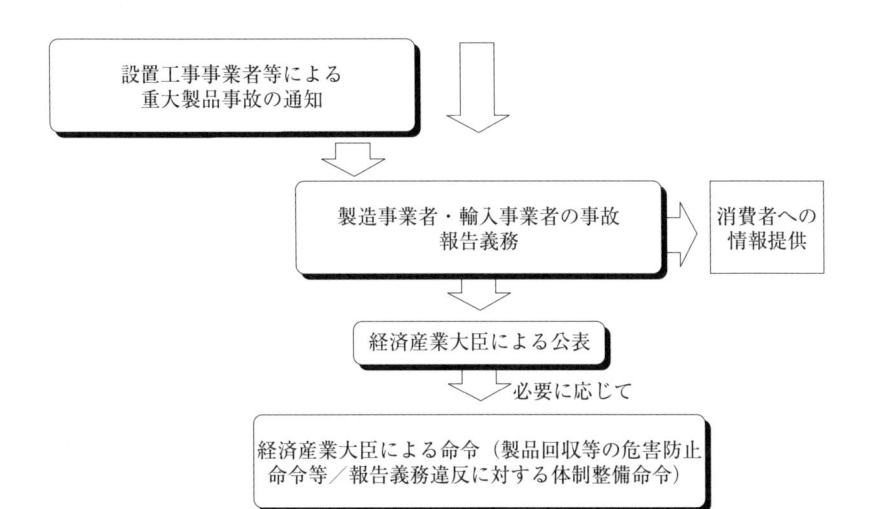

```
              ┌──────────────────┐
              │ 重大製品事故の発生 │
              └──────────────────┘
┌──────────────────┐        ↓
│ 設置工事事業者等による │
│ 重大製品事故の通知   │
└──────────────────┘
              ↓
       ┌──────────────────────┐      ┌──────────┐
       │ 製造事業者・輸入事業者の事故 │ ───→ │ 消費者への │
       │ 報告義務              │      │ 情報提供  │
       └──────────────────────┘      └──────────┘
              ↓
       ┌──────────────────┐
       │ 経済産業大臣による公表 │
       └──────────────────┘
              ↓ 必要に応じて
       ┌────────────────────────────────┐
       │ 経済産業大臣による命令(製品回収等の危害防止 │
       │ 命令等／報告義務違反に対する体制整備命 │
       │ 令)                            │
       └────────────────────────────────┘
```

---

*25) 昨今、ガス瞬間湯沸し器等、消費者が日常生活で用いる一部の製品について、長期間の使用に伴う経年劣化による重大な事故が発生していることを受け、2007年秋に消費生活用製品安全法の一部を改正する法律が成立(平成19年11月21日公布　法律第117号)しました。この法律は、技術的な知見に乏しい消費者が、みずから製品の点検・保守を行うことは困難であることから、長期間の使用に伴う経年劣化により重大な事故が発生する危険性が高い製品(特定保守製品)について、事業者が所有者である消費者による保守・管理をサポートする仕組みを整備しました。その要旨は次のとおりです。

① 製造事業者または輸入事業者に対し、点検を行うべき期間等を製品に表示することや、消費者に対してその期間の到来を通知すること、さらに、点検の依頼があった場合に点検を実施すること、点検・保守の実施に必要な体制を整備する義務を課したこと。

② 特定保守製品の販売事業者や設置工事事業者等に対し、製品の引き渡しを行う際に、消費者に製品の保守の必要性等について説明する義務等を課したこと。

③ 消費者は、製造事業者等に対し、特定保守製品の所有者情報を提供し、点検期間に点検を行う等の保守に努める責務を負わせたこと。等

なお、この法律は、公布日から起算して1年6月を超えない範囲で政令で定める日から施行されることになっています。

〔島本　幸一郎〕

# 第11章●コンプライアンスと危機管理

## 1　公益通報者保護法

　最近、内部通報が起因となって、企業の不祥事が明るみに出る事件が相次いでいます。しかし、自社の不祥事を目のあたりにした社員は、それを内部の担当部署や外部に通報しようと考えても、通報後の社内での待遇に不利益が課されてしまうのではないかと思い、なかなか通報に踏み切れないかもしれません。そこで、内部通報者に対する不利益を防止するために制定されたのが、公益通報者保護法であり、平成18年４月から施行されています。
　いわゆる内部通報に関する既存の法制度として、従来から、労働基準法104条などがありました。たとえば労働基準法104条は、「事業場に、この法律またはこの法律に基づいて発する命令に違反する事実がある場合においては、労働者は、その事実を行政官庁または労働基準監督官に申告することができる。使用者は、この申告をしたことを理由として、労働者に対して解雇その他不利益な取り扱いをしてはならない」としていました。
　公益通報者保護法は、労働者自身の地位や安全にかかわるだけではなく、広く公益に関する内部通報を保護しようとするものです。

(1)　**目的**
　公益通報者保護法は、第一に、公益通報者の保護を目的とするものであり、具体的には、公益通報をしたことを理由とする解雇等の不利益を防止しようとしており、第二に、国民の生命・身体・財産その他の利益の保護をも目的としています。

(2)　**公益通報**
　公益通報者保護法によって保護される通報者は、労働者（労働基準法第９条で定義されている者。派遣社員、パート、アルバイト等

を含む）であり、不正の利益を得る目的、他人に損害を加える目的、その他の不正の目的でないことが必要です。

　公益通報とは、その労務提供先又は当該労務提供先の事業に従事する場合におけるその役員、従業員等について、通報対象事実が生じ又はまさに生じようとしている旨をいいますが、通報対象事実とは、刑法、食品衛生法、金融商品取引法、農林物資の規格化及び品質表示の適正化に関する法律、大気汚染防止法、廃棄物の処理及び清掃に関する法律、個人情報保護法、その他法令で定めるものに規定する罪の犯罪行為の事実をいいます。

(3)　通報先

　通報先は、次のいずれかと定められています。

　①　事業者内部（当該労務提供先、又は、当該労務提供先があらかじめ定めた者）

　②　行政機関（当該通報対象事実について処分若しくは勧告等をする権限を有する行政機関）

　③　その者に対し当該通報対象事実を通報することがその発生若しくはこれによる被害の拡大を防止するために必要であると認められる者

(4)　保護要件

　上記通報先がいずれかであるかによって、通報者の保護要件が異なっています。

　通報先が上記①の場合、通報者は通報対象事実の存在を思料していれば保護されます。通報先が上記②の場合、通報者は通報対象事実の存在を信ずるに足りる相当の理由があれば保護されます。しかし、通報先が③の場合、通報者は、通報対象事実の存在を信ずるに足りる相当の理由があり、さらに、公益通報者保護法3条3号に定める要件を充足しなければ、保護されません。

(5)　効果

　通報者が、公益通報者保護法に定める要件に該当すると、次のよ

うな法的保護が与えられます。まず、公益通報をしたことを理由とする解雇は無効であり、公益通報をしたことを理由とする労働者派遣契約の解除も無効です。また、公益通報をしたことを理由とする不利益取扱（降格、減給その他不利益な取扱）が禁止されます。さらに、不利益を受けた公益通報者は、裁判所に訴訟を提起し、復職や損害賠償等の救済措置を受けることができます。

## 2　コンプライアンスと危機管理

　企業内部の役員や社員がどんなに法令を遵守して事業活動をしている場合であっても、企業活動に対しては、外部から悪意をもったクレームや謝罪要求、法的根拠のない過大な損害賠償請求をされたり、風評をたてられたりします。また、人為的な操作の範囲を超えたシステム障害が発生したり、あるいは、天災事変によって突発的な事件や事故が発生することもあります。

　このような場面に遭遇した場合に企業としていかに適確に対応すべきか、といういわゆる危機管理対応も、コンプライアンスの一内容であるとされています。英語の comply という用語は、直接的には、何かに対して応じる・対応する、という意味であるからです。

　それでは、欠陥商品の大量発生の発覚、建設工事現場での突発的爆発事故発生、個人情報の大量漏洩発覚、社員の不祥事発覚等の事故や事件が発生した場合、企業が準備しておくべき危機管理としてどのような点に留意しておくべきでしょうか。

　第一に、情報開示の重要性が指摘されています。第一次事故が発生した場合、最も重要なのは、第二次被害の発生の防止です。企業のアカウンタビリティ（説明責任）を果たすためにも、企業にとって都合の悪い情報を隠蔽するのではなく、事件・事故の発生に関する情報を迅速に開示し、第二次被害の発生の防止に全力をあげるべきです。

　第二に、報道機関は社会への窓口になっているのですから、情報開

示の際には、マスコミへの適切な対応をとることが必要となります。報道機関による報道のなかに誤報道が含まれている場合、担当記者に直接面談し、訂正記事や修正記事等を求める等の対応をします。

　第三に、本書第1編第1章においてすでに言及していますが、企業は社会的責任（CSR）を負っていますから、事件や事故の発生について、企業としての社会的責任を表明し、謝罪と再発防止を社会に対して伝達し、近隣社会の不安を取り除く措置をとらなければなりません。社会的影響の大きな事件・事故の場合、全国紙にお詫び広告を掲載することも考えられます。

　第四に、緊急時においては、とかく、企業内部の指揮命令系統や情報管理系統が混乱してしまうおそれがあります。そこで、企業では、事前に、危機管理体制を明確に定めておく必要があります。例えば、個人情報漏洩時における企業の基本的対応は、①被害者への対応（報告と謝罪等）、②漏洩事故発生の情報開示、③監督官庁への報告、の3点です。

　第五に、事件や事故が発生しないよう、平常時から、潜在リスクの掌握と、事故発生予防策を立案しておくべきであると思われます。会社法に定める内部統制ルールのなかに、リスク管理体制という項目がありますが、これはまさにこれに該当するものです。

　米国では、Naked Corporation と Open Enterprise という言葉が使われることがあります（Don Tapscott and David Ticoll 著『The Naked Corporation』(2003)）。前者は、不祥事が発生したとき、事実を隠蔽していたのに、厳しい批判や取材を通じて結局真実が明らかになってしまった会社のことで、社会的信用の失墜を招きます。他方、後者は、事故発生後、原因と結果に関する調査を迅速に進め、事実や経過を自主的に情報開示して説明責任を果たす透明性の高い企業のことであり、社会の理解と信頼を得られることとなります。

## 3 事業継続管理（BCM）

　企業が災害に直面しても、事業が継続あるいは早期に復旧することが、企業の社会的責任（CSR）と考えられるようになってきているようです。

　企業は災害や事故で被害を受けても、取引先等の利害関係者から重要業務が中断しないこと、中断しても可能な限り短い時間で再開することが望まれています。また、事業継続は企業自らにとっても、重要業務中断に伴う顧客の他社への流出、マーケットシェアの低下、企業評価の低下などから企業を守る経営レベルの戦略的課題と位置づけられます。

　このような見地から、内閣府では『事業継続ガイドライン』（平成17年）、経済産業省『事業継続管理に関するガイドライン』（平成17年）が公表されています。

　災害に遭遇したとき、損失をできる限り軽減し、企業にとっての中核事業を早期に再開、継続させることが肝要です。この事業継続管理をいかに実践するかを計画化したものが「事業継続計画」（BCP Business Continuity Plan）であり、①事業継続支援体制（バックアップシステム）の確立、②事業所、オフィスの確保、③災害時の要因確保、④迅速な関係者の安否確認という4点が挙げられています。

## 4 会社法上の内部統制と金融商品取引法上の内部統制

　会社法上の内部統制と金融商品取引法上の内部統制を比較すると、次表のとおりとなります。

■内部統制の比較

|  | 会社法の内部統制 | 金融商品取引法の内部統制 |
|---|---|---|
| 目的 | 株式会社の業務の適正を確保 | 財務計算に関する書類その他の情報の適正性を確保 |
| 対象 | 大会社と委員会設置会社 | 上場会社その他政令で定めるもの |
| 開示 | 事業報告 | 監査済み内部統制報告書 |
| 罰則 | なし | あり |

■内部統制の開示に関連する文書

| 会社法 | 金融商品取引法 ||
|---|---|---|
| 事業報告(会社法施行規則100条等)<br>＋<br>監査報告(会社法施行規則129条1項5号) | 内部統制報告書(新設 金商法24条の4の4)<br>＋<br>監査証明(新設 金商法193条の2第2項) | 有価証券報告書<br>＋<br>確認書(有価証券報告書の記載内容が金融商品取引法令に基づき適正であることを確認した旨の文書(新設 金商法24条の4の2) |

　このように、会社法と金融商品取引法の2つの法律でそれぞれ内部統制の整備が義務付けられましたが、企業としては、これらに対してどのように取り組めばよいかが問題となります。

　この点、企業活動全般が財務報告に影響を与えることから、財務報告の適正性を確保するためのものであっても、財務以外の業務と無関係ではありません。また、金融商品取引法の求める内部統制そのものが、財務報告に関する法規制の一部を構成するものであることから、その遵守は、会社法が定める内部統制ルールである法令遵守の一環であると考えられます。

　しかしながら、金融商品取引法上の内部統制は、あくまで財務報告の信頼性を確保するためのものであり、企業不祥事全般を防止するためのものではありません。品質の保証、製品事故、現場事故など、広い意味での企業不祥事の防止という観点からは、財務報告の適正性を

目的とする金融商品取引法だけでは不十分であり、会社法がより重要となります。

このような観点から、企業経営者としては、金融商品取引法上の内部統制への対応にとどまることなく、会社法が求めている内部統制についても、積極的な取り組みを行う必要があります。

## 5　内部統制とコーポレート・ガバナンスの開示

(1)　株主が経営者を株主総会で選任した後、株主と経営者との間には、情報の非対称性（asymmetric information）が生じていることが多くあります。

その場合、株主を principal、経営者を agent と考えると、経営者は、株主が望んだように行動するとは限りません。経営者による機会主義的行動が起こる可能性があり、経営者は自分の利益を考え、株主の利益を軽視することがあります。そうすると、経営者によるモラルハザード（moral hazard　倫理の欠如）が起こるおそれがありますから、これを事前に抑制する必要があります。そのため、経営者は定時株主総会では計算書類等を株主に開示して経営成績と経営状態を示す必要があり、また、principal である株主が agent である経営者をモニタリングする必要がありますが、そのためには、会社内部における内部統制状況又はコーポレート・ガバナンス状況を株主に対して開示することが有益です。

OECD コーポレート・ガバナンス原則の第５原則においても、「コーポレート・ガバナンスの枠組みにより、会社の財務状況、経営成績、株主構成、ガバナンスを含めた、会社に関する全ての重要事項について、適時かつ正確な開示がなされることが確保されるべきである。」と定められています。

また、現代の株式会社には外部に対する透明性（external transparency、情報開示）と企業内部のコーポレート・ガバナン

ス（internal corporate governance）の双方を含んだアカウンタビリティ（accountability、説明責任）が要求されていると言われています。株式会社がアカウンタビリティを実現しようとするとき、開示制度は極めて重要な意味をもつと考えられます。

　さらに、企業価値の把握の仕方として従来ROE（株主資本利益率）が重視されてきましたが、近時ROEの限界が言われており、それに代わり、新たな企業業績評価指標として、FCF（フリーキャッシュフロー）やEVA（Economic Value Added、経済的付加価値）が導入され始めています。EVAは、税引前利益から、資本の調達元である借入と株式のコストを加重平均した資本コスト（cost of capital、資本の機会費用ともいわれます）を差し引いた経営指標ですから、資本コストが低ければ企業価値は増加することとなります。資本コストの計算に用いる$\beta$（ベータ係数）について、$\beta>1$のときはその株式は市場全体より大きく変動し、$\beta<1$のときは市場の動きより小さく変動します。会社法や証券取引法に定める法定開示は法令によって定められた時に開示を行うものですが、企業のIR活動は、いつでも適時にタイムリーな情報開示を可能にするので、自社の株価の変動（volatility）を可能な限り適正化することができ、その結果、資本コストを引き下げる効果があることとなります。このように、適切な情報開示は企業価値を上昇させるという効果があります。

(2)　会社法上、上場・非上場を問わず、委員会設置会社及び大会社は内部統制整備義務があり、その内部統制ルールの内容を、事業報告において開示する必要があります。

(3)　上場会社等は、内部統制報告書を提出する義務が課され（金融商品取引法24条の4の4、いわゆるJ−SOX）、また、「コーポレート・ガバナンスに関する報告書」を証券取引所に提出する義務があります（平成20年2月6日施行に係る東京証券取引所有価証券上場規程204条12項1号、211条12項1号）。

東京証券取引所が「コーポレート・ガバナンスに関する報告書」を独立した提出文書として導入した目的は、最近のディスクロージャーに対する不信感を醸成するような不祥事が続発している現状を踏まえ、①適切なディスクロージャーに企業経営者が責任をもって取り組む意識を保持し、②企業経営者の独走を牽制するための独立性のある社外の人材の適切な活用を図る、ということをコーポレート・ガバナンスの充実という分野における当面の目標とし、その実現を促進するため、各社のコーポレート・ガバナンスの取組み状況をより投資者に判りやすい形で提供する観点から開示制度を見直すというものです。東京証券取引所は、上場会社に対し、反社会的勢力に対する社内体制の整備を要求し、当該体制の整備を「コーポレート・ガバナンス報告書」において開示することを求めています（平成20年2月6日施行に係る東京証券取引所有価証券上場規程204条12項1号、444条等）。

〔六川　浩明〕

# 第12章 公共調達制度とコンプライアンス

## 1 現行入札契約制度の概要

### (1) 公共調達制度と一般競争入札

　国と地方公共団体は、国民・住民のためにさまざまな公共的な事務を取り扱うとともに、公共的な事業を遂行しています。このような公共的な職務を遂行していくうえでは、物品や役務（サービス）を民間企業から調達することが必要となります。例えば、物品の例でいえば、現代社会にあって事務系の仕事をしていくうえではパーソナル・コンピューターは不可欠な道具ですが、このようなコンピューターは国も地方公共団体も製造していませんので、民間企業から調達することになります。また、役務（サービス）でいえば、典型例が建設業とういうことになります。国・地方公共団体が職務を行う場としての建物を建てるには民間の建設企業から建築工事のための役務を調達することになりますし、いわゆるインフラと呼ばれる社会資本の整備を行うには土木工事のための役務（サービス）を民間の建設企業から調達することになります。

　国・地方公共団体が民間企業から物品・役務を調達する制度は、一般に公共調達制度と呼ばれますが、この公共調達制度において中心的な役割を果たしているのが「入札制度」です。すなわち、国等については会計法及び予算決算及び会計令が、地方公共団体等については地方自治法及び同法施行令が、公共調達制度について定め、いずれも原則として「一般競争入札」により、最も低い価格を入札した企業と調達契約を締結することとなっています。

### (2) 随意契約

　他方、「随意契約」と呼ばれる「一般競争入札」と対照的な調達方法もあります。「随意契約」は、入札などの競争によらず、国・

地方公共団体が特定の企業を選定して調達契約を締結する方法で、入札などの手間を省き、信用のある企業を選ぶことができるといったメリットもあります。しかし、公正さが尊ばれる公共調達においては、どうしてその企業が契約相手として選定されたのかといった点について客観性を担保することが簡単ではなく、また恣意的に契約相手が決定されるようになると国・地方公共団体と特定の民間企業との癒着を招くおそれがあるため、「随意契約」は一定の条件を満たした場合に例外的に認められ、原則は「一般競争入札」によることとなっています。

(3)　一般競争入札と指名競争入札

　「入札」について詳しく見ていくと、さらに①「一般競争入札」と②「指名競争入札」とに分類されます。両者とも、入札を行い、入札参加者のうち最も低い価格で応札した者が落札するという点では同じですが、入札参加者の選定方法が異なります。①の「一般競争入札」では、国・地方公共団体が締結した契約内容を広く一般に公告して、不特定多数の企業を誘引して、入札による申込みをさせる方法で競争を行わせるという透明性の高い契約方式です。

　②の「指名競争入札」では、発注者である国・地方公共団体が資力・信用その他について適当と認める特定多数の競争参加者を選んで指名し、その指名された入札参加者を入札で競争させ、最も低い価格で申込みをした者を契約相手とする方法です。実力のある企業を選定・指名することで購入する物品・役務の品質を確保することができるというメリットがある反面、発注者が指名者の選定において恣意的な運用を行うと「随意契約」のように発注者である国等と民間企業との癒着が生まれるおそれがある他、入札参加者が限定されるため、これらの者の間で協議が行われやすく、その結果、談合の温床ともなりやすいことが指摘されています。

　公共調達において使用される資金は国民の税金です。したがって、国民の信頼・理解を得られる調達方法としては、「透明性」と「公

正さ」が確保されることが重要となります。その結果、「透明性」と「公正さ」という点で最も秀でていると思われる「一般競争入札」が公共調達の原則的な手法となっています。

## 2　公共工事調達制度の運用面における諸問題

　調達の対象が公共工事（国・地方公共団体が発注する建設工事）である場合も、一般競争入札が原則とされ、一定の場合に指名競争入札又は随意契約によることができるとされています。前記のとおり、一般競争入札は、調達先を選定するうえでの「透明性」と「公正さ」という点で秀でているわけですから、理念的には何の問題もないはずですが、実際には、現行の公共工事調達制度にはいくつかの大きな問題点があります。

### (1)　価格偏重の入札方式—品質を軽んじた入札方式

　現行の一般競争入札では、一部の例外を除いて、競争手段が価格のみに限定されているのが実態です。確かに、国民・住民の税金を原資としている公共調達制度にあっては、できるだけ安い価格で物品・役務を調達できるのが理想ではあります。

　しかしながら、もともと競争とは、「価格」と「品質」との双方において行われるものです。多少価格が高くなっても品質のより良い物品・役務を選択することも十分に合理的なことですから、最も低い価格で応札した企業以外の企業から物品・役務を調達したとしても、そのことだけで非難されることにはならないはずです。

　特に、公共工事の場合には、①目的物が建築物や土木工事を必要とする公共物などの社会資本であることから、完成物の「安全性」が求められますし、②目的物が持つ「機能・性能」の優越性、③目的物が非常に長期にわたって使用されるものであるため、なるべくコストをかけずに長持ちするかどうかという「ライフサイクル」性、④工事手法や完成後の目的物が環境に負荷をかけないかどうか、省

資源性を有しているかどうか、など「品質」を考慮して初めて完成物の評価を行うことができます。

　建設工事にあっては、どんなに価格が安くとも「安全性」が保障されていなければ意味がないことは、巷を騒がせた偽装建築問題からも明らかなとおりです。1番低い価格で応札した企業が建築する建物は寿命が5年、2番目に低い価格で応札した企業が建築する建物は寿命が10年であった場合、果たして本当の意味で最も低い価格を入札したのはどちらなのでしょうか。「品質」も考慮しなければ、各企業が示した価格のうち、真の意味でどれが最も安いのかは金額だけでは分からないといわなければなりません。

　ところが、これまでの一般競争入札は、最低価格自動落札方式と呼ばれる方法で落札者が決定されています。すなわち、一定の仕様・設計に対して、最低価格で入札した企業が落札するシステムとなっており、価格以外の品質の要素は考慮の対象とはなっていません。

(2)　設計・施工分離発注の原則

　公共工事を実施するにあたっては、実際の工事作業に入る前に、完成物の仕様・設計ができていなくてはなりません。実際の工事を担当する人々は、仕様書・設計書をもとに工事を行っていくわけです。したがって、工事目的物の仕様書・設計書を作成する「設計」業務と、仕様書・設計書をもとに実際の工事を行う「施工」業務とは密接な関係にあります。

　もっとも、公共工事の調達にあっては、仕様書・設計書は発注者が行い、建設企業は発注者の示した仕様・設計に従って施工業務のみを受注して担当することになっています（設計・施工の分離発注）。この制度は、①設計を行う発注者側に高度の設計能力があることを前提としたうえで、②設計と施工とを同じ企業に行わせると割高な施工となるような設計がなされてしまうおそれがあることから、設計と施工は同一の者に行わせるべきではない、との考えに基づくものです。

しかしながら、現代のように公共工事が大型化・複雑化してくると、設計段階から施工での効率性を織り込んだ仕様にしておくことが必要となりますし、施工計画を立案するうえでも設計業務には高度の施工に関する知識を要するようになってきます。発注者側の設計担当者は、常にこのような施工に関する専門的知識や経験を有しているとは限りません。実際に、発注者が設定する研究会や委員会へ民間の建設企業が参加して、発注者の設計業務を支援しているという例も多く見られます。また、発注者が、設計業務を設計コンサルタントに外注する場合であっても、やはり建設企業が設計コンサルタントを支援することは少なくありません。

　そして、このような設計業務への支援は、無償で行われることが事実上要請されるようですが、設計業務の支援に費やしたコスト回収が建設企業にとっての入札談合の動機になっているとの指摘もあるところです。

(3)　予算単年度主義の弊害

　国家予算は、財政法等による単年度主義が採用されています。これに対し、大規模な公共工事になればなるほど、一年度で工事が終了することはなく、複数年度にわたることになります。その結果、同じ工事でありながら、年度を超えるという理由によって、別工事として発注されることになります。そして、別工事として発注される場合にも、すでに工事を実施している建設企業への随意契約として発注されるのなら特に不都合はないのですが、随意契約ではなく、競争入札方式により発注されることが少なくありません。

　この場合、すでに工事を実施している建設企業は、工事のコストを正確に見積もれるうえに、すでに工事設備等を現場へ搬入していることからコスト面で競争優位にありますので、競争入札方式を採用しても実質的な競争が行われる可能性は低いといわざるを得ません。

(4)　中小企業の受注機会拡大のための発注方法

　特に地方公共団体が発注する公共工事については、地域振興・地元中小企業育成の観点から地域の中小企業の受注機会拡大を目指し、①企業の所在地を入札参加資格として設定すること（地域要件）で地元企業に入札参加者を限定したり、②共同企業体（JV）の構成企業として地元中小企業の参加を義務付けたり、③大規模工事を小規模工事に分割して発注したりすることで地元の中小企業の受注を促すことがあります。

　確かに、地元中小企業の育成は、財政の観点からも地方にとっては死活問題ではありますが、①の地域要件は行過ぎると、有効な競争が行われるに足りるだけの入札参加者数が確保できなかったり、②JV要件が受注調整を助長したり、③分割発注により適正ロットに満たない工事が生じ、工事が非効率化したりするなど、少なからず弊害が生じ得ます。

## 3　公共工事入札契約適正化法

　上記の公共工事調達制度の問題点に直接に対応するものではありませんが、公共工事の入札制度を改善し、国民の公共工事に対する信頼を確保する観点から、入札手続の透明性を向上させ、不正行為の排除を目的として制定されたのが、「公共工事入札契約適正化法」です。

　公共工事入札契約適正化法は、①透明性の確保、②公正な競争の促進、③不正行為の排除の徹底、④工事の適正な施工の確保、を基本原則としたうえで、すべての発注者に以下の事項を義務付けています。

(1)　入札関連情報の公表

　入札及び契約に関する事務については、会計法や地方自治法によって各発注者の裁量に委ねられている部分が多いため、入札関連情報の公表の取組みにばらつきが見られました。そして、運用上、非公表とされていた入札関連情報の中には、①公表したほうが競争

を促進するもの、②非公表とされているが故に、その情報収集をめぐって発注者の職員と民間企業との間の不正行為を生み出す契機となっていたもの、③公表によって不正行為の監視に資するもの、がありました。

そこで、公共工事入札契約適正化法では、一定の入札関連情報を公表するよう、発注者に義務付けています。

(i) 毎年度の発注見通しの公表（同法4条）

まず、発注工事名・工事時期等の見通しを発表することとし、見通しが変更された場合も公表することとなりました。これらの発注予定情報は一部の建設業者のみに事前に入手され、受注希望者の競争条件に差異が生じるなど、発注者と特別のつながりがある建設企業だけが優遇されているのではないかと疑われることがかつてはありました。そこで発注予定情報を一律に公表することで、競争参加資格を持つ建設企業が広く競争に参加できるようにし、公正な競争を促進するようにしています。

(ii) 入札・契約に係る情報の公表（同法5条）

また、入札実施後には、入札参加者の資格、入札者、入札金額、落札者、落札金額等も公表することとなりました。このような入札過程に関する情報を公表することで国民に対し説明のつかない業者選定が行われることを防止し、業者選定の過程で行われる不正行為を防止することとしています。また、入札参加者間で、人為的な受注調整（入札談合）が行われた場合には、落札者のほか、落札金額や他の入札参加者の入札金額等に不自然さや法則性が見受けられる可能性がありますので、これらの情報を国民の監視のもとに置くことによって入札談合を抑止できる可能性もあります。

(2) **施工体制の適正化**

施工体制の適正化、特に工事の「丸投げ」（一括下請）をなくしていくことは、工事の品質を確保するうえで重要です。そこで、公

共工事入札契約適正化法では、以下の事項について規定しています。
　(ⅰ)　一括下請負（丸投げ）の全面的禁止（同法12条）

　　　建設工事の一括下請負は、①施工の責任関係を不明確にし、②不当な中間工事の搾取による工事の品質の劣化（あるいは工事費用の増加）につながり、公共工事においては排除されなければなりません。建設業法22条でも一括下請は原則として禁止されていますが、同条3項では発注者の書面による承諾を得た場合には禁止されないことから、公共工事入札契約適正化法は、この条項を不適用としています。

　　　なお、「一括下請負」とは、元請負人が、請け負った建設工事の全部又はその主たる部分を一括して他の業者に請け負わせる場合を指していますが、元請負人がその下請工事の施工に「実質的に関与している」と認められる場合には、一括下請負には該当しないとされています。そこで、「実質的に関与している」の意味が問題となりますが、元請負人が、自ら総合的に企画、調整及び指導を行っていることであり、具体的には

　　①　施工計画の総合的な企画
　　②　工事全体の的確な施工を確保するための工程管理及び安全管理
　　③　工事目的物、工事仮設物、工事用資材等の品質管理
　　④　下請負人に対する技術指導、監督

　　等を行っている場合のことを指すとされています。
　(ⅱ)　施工体制台帳の提出（同法13条）

　　　公共工事は、国民の税金を原資として行われており、トラブルが起きればその損失は国民全体に及びますので、民間工事以上にしっかりとした施工体制が確保されるべきです。しかし、建設業法の定める発注者の請求に基づく施工体制台帳の閲覧では随時変化する工事現場の施工体制を逐一知ることは現実には不可能です。そこで、公共工事入札契約適正化法は、公共工事

の発注者が現場の施工体制を常時確認できるように、受注者に対し、施工体制台帳の写しを発注者へ提出するよう義務付けています。

(3) 不正行為に対する措置（同法10条）

発注者は、入札談合（独占禁止法3条又は8条1項1号に違反する行為）があると疑うに足りる事実があるときは、公正取引委員会に、その事実を通知する義務があります。

入札参加者が事前に受注予定者や入札価格を決定する入札談合は、競争入札制度における競争を否定する点で入札制度の存在意義を失わせる行為ですので、この不正行為を排除する必要があります。そして、発注者には、談合情報等が集まりやすいことから、発注者と公正取引委員会とが連携することで入札談合の摘発を進めていくことを目的として、発注者に談合を疑うに足りる事実を公正取引委員会に通知することを義務付けました。

なお、「疑うに足りる事実があるとき」とは、談合情報についてはいえば、談合があったとの判断に至らなくとも、その情報の信憑性について明らかに否定できず、工事名、落札予定者、落札金額当為の具体的な内容を伴う情報提供があった場合を想定しているとされています。

## 4 公共工事品質確保法

前記2(1)にて指摘しましたとおり、公共工事調達制度の入札では、最低価格自動落札方式が採用されていることが多く、その結果、「価格」のみの競争となっていました。しかし、平成17（2005）年に成立した「公共工事品質確保法」は、「価格偏重の調達」から、「価格と品質で総合的に優れた調達」への転換を図ることを目的に主に発注者が公共工事の品質確保のために取り組むべき基本方針と責務を規定した法律で、これまでの公共工事調達制度にあっては極めて画期的な法律といえま

す。
 (1) 制定の背景

　公共工事は長期にわたってかつ安全かつ円滑な国民生活と社会経済活動を支える社会資本を整備することを目的とするだけに、品質の確保は重要な課題です。

　他方で、建設投資はピーク時の平成4年度の約60％に減少しながらも、建設許可業者数はほとんど変わりがないという過剰供給の市場構造の中で、価格のみの競争入札が繰り返されれば、適切な技術力を持たない受注者のダンピングにより不良工事の発生が懸念されると同時に、品質の良いものをつくろうとする企業努力のインセンティブも失われるおそれがあります。

　したがって、品質の確保がより強く要請される環境となってきていますが、公共工事の品質は、調達時点では確認できず、受注者の技術力に大きく左右されます。そこで、公共工事の実施にあたっては適切な技術力を有する受注者に施工を任せるべく、発注者が受注者の選定においては価格とともに十分な技術力の審査を行い、施工過程においては適切な監督・検査を実施することが求められます。さらには、大型化・複雑化する公共工事については、発注者である国や地方公共団体が常に十分な設計能力を有しているとは限らず、また民間企業の技術力は飛躍的に進歩していることから、民間の技術提案を有効に活用していくことが望まれます。

　このような事情を背景として制定されたのが、公共工事品質確保法です。

 (2) 骨子

　公共工事品質確保法の最大の特徴は、従来の「価格のみの競争」から「価格と品質との両面からの競争」に転換することを打ち出したことです。価格と品質が総合的に優れた契約が確実に実施されるようにするために、

　① 個々の工事で入札に参加しようとする者の技術的能力の審査

を実施しなければならなこと
② 民間の技術提案の活用に努めるべきこと
③ 民間の技術提案を有効に活用していくために必要な措置（技術提案の改善を求める措置、技術提案の審査結果を踏まえた予定価格の作成など）を実施すること

について規定しています。

(3) 技術能力の審査義務

まず、公共工事品質確保法6条では、公共工事の発注者は、公共工事の品質が確保されるよう、①仕様書・設計書の作成、②予定価格の作成、③入札及び契約の方法の選択、④契約の相手方の決定、⑤工事の監督及び検査並びに工事中及び完成時の施工状況の確認及びその評価等を適切に実施しなければならないとしています。

そのうえで、同法11条において、発注者は、競争参加者の工事経験、施工状況の評価、配置予定技術者の経験その他の技術的能力を審査しなければならないとされています。

(4) 技術提案の活用措置

前述のとおり、現代の公共工事にあっては、発注者が常に最善の仕様・設計を決定できるとは限らない一方で、民間建設企業の技術力は飛躍的に進歩していることから、より品質のよい公共工事を実施するには、民間建設企業からの技術提案を活用することは大変有意義であるといえます。そこで、同法12条では、原則として発注者は、競争参加者に技術提案を求める努力義務を負うこととし、同法13条では、技術提案内容に一部不備があってもその問題点を発注者が指摘し改善案を再提出させることでより高い品質を確保することができるよう、発注者が技術提案内容の改善を求めることを認めています。

なお、このような「技術的対話」は、発注者と技術提案をした競争参加者との癒着を生むおそれもあることから、公共工事品質確保法では、改善を求めた措置を行った過程を公表する義務を負わせる

ことで、透明性を高め、恣意性を排除する方針が採用されています。
(5) 国土交通省直轄工事における品質確保促進ガイドライン
　平成17（2005）年9月には、国土交通省直轄工事について、公共工事品質確保法及び基本方針に基づき品質確保を図っていくうえでのガイドラインが発表され、発注者として具体的にどのように競争参加者の技術的能力や技術提案の審査を行うのかが記載されていますので、公共工事品質確保法の具体的な実施について調べたい場合には、このガイドラインを参考にするとよいでしょう。
(6) 建設企業の注意点
　これまで繰返し述べてきたとおり、公共工事品質確保法は、公共工事における「品質」を競争において十分に考慮することを宣言した画期的な法律ですが、半面で、技術提案等や技術提案の改善などの「技術的対話」に際しては、発注者側の職員と民間建設企業とが接触することになります。その結果、社交的儀礼が高じて贈収賄罪に発展したり、機密情報が内報されることによって偽計入札妨害罪が成立する危険性がこれまでよりも高くなったといえなくもありません。くれぐれも「技術的対話」を「官民の癒着」に堕落させ、その結果、「品質を競争で考慮することには不正行為を助長する」等ということになり、「価格競争」一辺倒に逆戻りさせることのないよう、十分に注意をしてください。

## 5　新しい公共調達制度のあり方

　これまでみてきたとおり、現行の公共調達制度には問題点がないわけではありません。むしろ、改善されるべき点が少なからずあり、公共工事品質確保法によってようやく改善への緒がついたとの感があります。では、新しい公共調達制度のあり方としてはどのような制度像が考えられるのでしょうか。以下では、筆者の個人的な考えではありますが、会計法等の制約を離れこの点について少し考えてみたいと思

います。
(1) 工事の品質を重視した制度に
① 品質の内容
　前記2(1)品質を軽んじた入札方式でも指摘しましたが、第一に考えなくてはならないのは、「価格」だけではなく、「品質」も価格と同等の競争手段とすることです。もちろん、公共調達は国民・住民の税金で賄われるものですから、安く調達できるに越したことはありません。しかしながら、すべての調達には予め「予算」というものが設定されています。このことを考えますと、予算の範囲内であれば、より高品質の公共工事を調達した方が国民・住民のためになるはずです。とりわけ社会資本整備という性格を強く持つ公共工事にあっては、完成物の(i)「安全性」、(ii)「性能・機能」、(iii)ライフサイクル、(iv)省資源性などが重要な意味をもつことも前記2(1)品質を軽んじた入札方式で述べたとおりです。
　かつては、発注者の提示する仕様・設計にさえ従っていれば、一定水準の品質は確保されるのであるから、あとは価格の問題であるとして、最低価格自動落札方式を正当化できる状況・情勢があったのかもしれません。しかしながら、現代にあっては、望まれる品質も多様化しているうえ、民間企業の設計能力の飛躍的発展、高度なノウハウの集中・蓄積を考えますと、発注者が示す仕様・設計のみが唯一絶対の仕様・設計とは到底言い切れません。
　この点、確かに、公共工事品質確保法は「技術力」という「品質」について可能な限り競争手段として評価していこうとしている点で画期的な法律ではあります。しかし、実は、「品質」とは「技術力」だけにとどまるものではなく、工事が行われる地域に根ざした機能を持つかどうかという意味での「地域性」あるいは「文化性」ということも含まれるでしょうし、完成物

によっては美的感覚を含む「芸術性」が要求されることもあることを考えると、「品質」の内容をもう少し幅広く捉えていく必要があるといえます*1)。

②　透明性・公正性の確保と説明責任

　もっとも、上記5(1)①のとおり、幅広い「品質」を競争手段として取り込んでいった場合、どのような基準で評価していくのかという難問があることは事実です。価格は数値で表される定量的なものであるのに対し、品質は定性的な面があるため、各人の趣味嗜好に左右される可能性も否定はできません。したがって、公共調達制度の柱である「透明性」という観点からは幅広い「品質」を競争手段とすることは難しいとの反論もあるかもしれません。また、「品質」を判断・評価することは、特に地方公共団体においては、人材を確保するのが難しいという問題があるかもしれません。

　しかしながら、「透明性」とは、いわば企業選定の経過を「ガラス張り」にするという意味ですから、(i)いかなる根拠で当該企業を選定したのかを明確にし、それを公表する、という方法、(ii)選定を第三者機関に委ねるという方法、(iii)さらには「芸術性」等についてはコンペ方式を採用するという方法も考えられます。また、人材確保の点については、公共工事品質確保法にも定められていますが、民間からの支援によるという方法も考えられるところです。

③　総合評価落札方式の拡充

　すでに実施されている契約者選定方式として総合評価落札方式と呼ばれているものがあります。これは、価格に加え、技術・

---

*1) もちろん、すべての公共工事に常に「品質」が競争手段となるわけではありません。公共工事の内容によっては、誰が担当しようと同じ品質にしかならない工事というものも十分に考えられます。その場合には、従来の最低価格自動落札方式によって対応することになります。

性能等の価格以外の条件も含めて入札させ、予定価格（発注者が設定した予算の額）の制限の範囲内にある企業のうち、価格条件と非価格条件とを総合して落札者を選定する方式です。

　技術等の非価格条件を競争手段としている点では評価はできますが、(i)この方式が採用されている工事の割合が低いこと、(ii)価格を低くした企業の方が非価格条件の点数が高くなるシステム（除算方式[*2)]）が採用されているため、結局は価格が低い企業が勝ち、最低価格自動落札方式とほぼ変わらないという点では、改善の余地がまだまだあるといえます。今後は、この総合評価方式を採用する割合が高まると同時に、除算方式ではなく、価格とは関係なく技術力等の品質面を評価する手法が採用されることが期待されます。

(2)　入札談合の起きにくい制度
　① 　設計施工分離発注の弊害と対応
　　　前記2(2)に指摘したとおり、設計業務について施工業者であるゼネコンに支援が要請され、しかもこの支援が無償で行われていることが入札談合を行う動機になっています。無償支援のコストを回収したいという動機は企業に共通のものです。その結果、企業同士、無償支援が行われた工事物件については支援を行った企業に受注を譲ろうということになってきます。「他社の無償支援物件には手を出さないから、自社の無償支援物件にも手を出さないでほしい」という暗黙の了解が生じやすくなるわけです。したがって、入札談合をなくすためには、このような無償支援をなくすことが有効な対策の一つになります。

---

*2) 入札者から提示された性能・機能・技術等の価格以外の要素を点数として評価し、この点数を入札価格で除した「評価値」の最も高い者を落札者とする方式。この方式だと、価格以外の要素の点数が低いものでも入札価格が低ければ高い「評価値」を得ることが可能である半面、価格以外の要素の点数が高くとも入札価格が高いがゆえに低い「評価値」しか得られなくなってしまう。

では、無償支援が行われる元凶は何かといえば、発注者側又は設計コンサル業者の設計能力が常に十分であるとは限らないことにあるといえます。設計能力が十分にあるのだとすれば無償支援を施工業者に求める必要はないはずです。そうであるとすれば、発注者は、自分に、又は設計コンサル業者の当該工事物件の設計能力があるかどうかを見定めたうえで、もっといえば、自分が、又は設計コンサル業者がゼネコンの協力なしに仕様・設計業務を遂行できるかどうかを見定め、遂行できないのであれば、設計施工一括発注の方式を採用するなどして、ゼネコンの無償支援を有償化するべきです。

② 予算単年度主義の弊害と対応

　この点も、前記2(3)に指摘しましたが、長期大規模工事については、本来であれば一体として発注されるべき工事物件が、予算単年度主義の結果、年度ごとに分割されて競争入札形式で発注されるという問題が現在の公共調達制度にはあります。最初の工事を受注した企業は、工事設備等を工事現場へ搬入していることからコスト面において競争優位にあるのに対し、それ以外の企業はコスト的に劣位します。そうなると、コスト的に劣位する工事を積極的に受注するインセンティブはなくなり、「継続工事についてはすでに工事に着手している企業を受注予定者にする」といった暗黙の了解が生まれやすくなり、入札談合の温床となりがちです。

　したがって、複数年にわたり一企業が工事を担当するのが適切である場合には、債務負担行為等を積極的に活用し、複数年契約方式を採用・拡充することによって、一企業の当該工事を委ねるのが適当と考えます。

(3) **新たな選択肢としての競争的交渉方式**

　工事の品質を重視し（前記(1)）、かつ入札談合が生じにくい公共調達制度（前記(2)）として、現在有力な選択肢とされているのが、

「競争的交渉方式」ないしは「提案方式」と呼ばれているものです。ここにいう競争的交渉方式・提案方式は、前記(1)(2)で指摘した総合評価落札方式や設計施工一括方式の拡充という内容を、入札という制度を離れて行おうという試みといえます。

　工事の品質重視と入札談合の防止という(2)つの要請を満たすためには、まずは、公共工事の中には、発注者の技術力だけでは対応しきれない高度かつ複雑な工事があることを正面から認める必要があります。このような工事においては、民間の建設企業からの知恵・ノウハウ・経験・提案を発注者側が受け入れることで初めて工事の品質を確保することができるわけですが、民間建設企業からの提案や協力を無償により行わせ、あたかも発注者が全て自力で設計図面・仕様を作成したかのような形をとり、その後その工事物件を入札に付すと、無償協力のコスト回収を目指す建設企業による入札談合を助長することになる点は前述したとおりです。

　そこで、①発注者としては、予算と工期だけを示し、②この２つの制約条件の中で受注を希望する複数の建設企業に、まずは、費用負担のあまり大きくないレベルで自由に設計・仕様・工法を決めさせ、コンペ方式で競わせて候補者数を絞り込み、③絞り込んだ候補者にはより詳細な工事実施案を作成させ、④最終的に受注者を決定するとともに、採用されなかった建設企業にも一定の費用を支払う、という方法が考えられます。民間の建設工事契約では、入札制を採用する場合であっても、発注者は交渉をしながら、建設企業の提示価格だけではなく、その技術力やデザイン・機能等の提案内容も十分に吟味した上で契約先を選定していることからすれば、このような競争的交渉方式・提案方式が公共調達制度に存在しない方が不自然といえるかもしれません。

　もっとも、この方式で問題になる点は、建設企業の提案に対する発注者の審査能力の確保と受注者選定過程の透明性（恣意性の排除）です。前者については、確かに個々の発注者が技術者を集めるのは

困難ですが、第三者機関を設けたり、発注者らが工事成績・実績等の情報を共有化するシステムを構築したりすることで相当程度の対応が可能と考えられます。また、後者についても、選定過程の開示・公表や契約対象者から除外された建設企業の不服申立制度を整備することで対応が可能と考えられます。

　もちろん、このような競争的交渉方式・提案方式を実際に行うには、硬直的な会計法の改正を行う必要があります。特に、④のように採用されなかった提案に対して一定の費用負担をすることについては異論もあるところだと思われます。また、競争的交渉方式・提案方式がすべての工事物件に適切というわけではなく、簡易又は定型化された工事については、発注者に設計図面・仕様書を作成するのに十分な能力が備わっており、かつ品質に差が出にくいことからすると、あえて競争的交渉方式・提案方式による必要はなく、むしろ、価格競争に重きを置く競争入札方式の方が適しているといえます。

　したがって、上記の競争的交渉方式・提案方式が万能であるなどということはありませんが、小さい政府が求められ、また民間の技術力・提案力の活用が必要とされる今日にあっては、従来から存在する「競争入札制度」と「随意契約制度」の二者択一的な発想に固執するのではなく、第三、第四の公共調達制度を柔軟に考案しつつ、各調達制度の役割分担を考慮し、発注工事の個性・特性に合致した調達制度を適用していくことで、限られた財源を最大限有効に活用していく創意工夫が要求されているといえます。その意味では、競争的交渉方式・提案方式もその選択肢の一つでしかありません。より良い公共調達制度を創設するには、発注者だけでなく、むしろ公共工事の担い手である建設企業からの積極的な提案が強く望まれ、期待されています。

〔多田　敏明〕

## 著者紹介

島本　幸一郎（しまもと　こういちろう）

現在　大成建設株式会社　社長室経営企画部企画管理室長兼CSR推進室長
1977年3月九州大学法学部卒業後、同年4月大成建設株式会社入社。東北支店、九州支店で土木・建築工事作業所等勤務後、1985年4月から法務部、名古屋支店、さらに法務部にて国内法務業務担当。2005年7月より現職。
日本経済団体連合会経済法規委員会競争法部会委員、日本建設業団体連合会公共調達専門部会委員他

論文　「独占禁止法改正案の問題点」建設オピニオン2004年7月号（建設公論社）
　　　「公共工事調達制度のあり方について」季刊コーポレート・コンプライアンス2005年冬号（桐蔭横浜大学コンプライアンス研究センター）
　　　「改正独占禁止法と実務」法律のひろば2005年12月号（ぎょうせい）他
共著　「建設業実務の手引き　契約編」（大成出版社）
著書　「現代建設工事契約の基礎知識」（大成出版社）


六川　浩明（ろくがわ　ひろあき）

現在　弁護士（東京青山・青木・狛法律事務所）、首都大学東京講師。
1987年3月一橋大学法学部卒業、民間企業勤務、米国ノースウエスタン大学大学院修了、米国スタンフォード大学客員研究員。

論文　「要点解説　金融商品取引法」（税務弘報2006年7月号～2008年1月号まで連載）、「三角合併における法的諸問題」（大和総研　経営戦略研究2007年夏季号）、「アジアにおける国際電子商取引の紛争解決」（アジア法学会『アジア法研究の可能性』2006年）、「論点：偽造キャッシュカード対策」（週刊東洋経済2005年3月5日号）等多数。
共著　「要点解説　金融商品取引法」（中央経済社）、「コーポレート・ガバナンス報告書　分析と実務」（中央経済社）、「誰でもわかる会社法　三訂増補版」（エクスメディア）、「会社法図解付条文集　第三版」（エクスメディア）等。
著書　「知っておきたい会社法の基礎知識　改訂版」（宝印刷証券研究会）

多田　敏明（ただ　としあき）

現在　弁護士・ニューヨーク州弁護士（日比谷総合法律事務所）
1993年3月早稲田大学法学部卒業、同年11月司法試験合格。1996年4月弁護士登録、同年日比谷総合法律事務所入所。2001年ニューヨーク大学ロースクール（L.L.M.）修了。2001年～2002年 Weil, Gotshal & Manges 法律事務所（New York）勤務。2002年5月競争と知財に関する DOJ/FTC 共同ヒアリングパネリスト、同年7月ニューヨーク州弁護士登録。

論文　「課徴金減免制度の運用と今後の課題」（法律のひろば58巻12月号）、「独占禁止法の手続的側面に関する改正」（自由と正義56巻12月号）、「銀行業と『優越的地位の濫用』の再検討」（金融法務事情1804号）、「EU の競争法－リニエンシー制度」（ビジネス法務7巻9号）、「独占禁止法における不服審査手続の在り方」（ジュリスト1342号）等。

共著　「企業のコンプライアンスと独占禁止法」(商事法務)、「政府規制と経済法」（日本評論社）

大成
ブックス

## 建設業コンプライアンス入門

2008年3月11日　第1版第1刷発行
2008年7月25日　第1版第2刷発行

著者　島　本　幸一　郎
　　　六　川　浩　明
　　　多　田　敏　明

発行者　松　林　久　行
発行所　株式会社大成出版社
東京都世田谷区羽根木1-7-11
〒156-0042　電話03(3321)4131(代)

Ⓒ2008　島本幸一郎、六川浩明、多田敏明　　印刷　亜細亜印刷
落丁・乱丁はおとりかえいたします。

ISBN978-4-8028-9361-9

## 大成ブックスの刊行にあたって

　21世紀は、高度情報化社会で、かつてないさまざまな媒体から、多くの情報がもたらされています。

　小社は単行本をはじめ、加除式法規、その法規類の解説書を中心とした、専門書の出版活動をおこなってまいりました。系統だってはおりますが、概論的なところもあります。

　この大成ブックスは、法律に不慣れな方や若い読者層を対象に、多くの知りたいこと、考えたいことを、それぞれのテーマで、わかりやすく読める形に編集したものです。

　みなさまの御支援により、この大成ブックスが、より広く読者に受け容れられますよう、願ってやみません。ひいてはそれが、各産業界の発展にいささかなりとも貢献できることではないかと考えます。

　忌憚のないご意見、ご感想をお寄せいただければ、幸甚です。

　　　2006年6月